建筑安装工人职业技能考试习题集

铆　　工

李选华　蒋钦铎　主编

中国建筑工业出版社

图书在版编目（CIP）数据

铆工/李选华，蒋钦铎主编 . —北京：中国建筑工业
出版社，2014.5
（建筑安装工人职业技能考试习题集）
ISBN 978-7-112-16379-3

Ⅰ.①铆⋯　Ⅱ.①李⋯　②蒋⋯　Ⅲ.①铆工—技术
培训—习题集　Ⅳ.①TG938-44

中国版本图书馆 CIP 数据核字（2014）第 024558 号

建筑安装工人职业技能考试习题集
铆　　工
李选华　蒋钦铎　主编
＊
中国建筑工业出版社出版、发行（北京西郊百万庄）
各地新华书店、建筑书店经销
北京永峥排版公司制版
北京同文印刷有限责任公司印刷
＊
开本：850×1168 毫米　1/32　印张：5⅛　字数：136 千字
2014 年 5 月第一版　2014 年 5 月第一次印刷
定价：**17.00 元**
ISBN 978-7-112-16379-3
（25101）

本习题集根据现行职业技能鉴定考核方式，分为初级工、中级工、高级工三个部分，采用选择题、判断题、简答题、计算题、作图题、实际操作题的形式进行编写。

本习题集主要以现行职业技能鉴定的题型为主，针对目前建筑安装工人技术素质的实际情况和培训考试的具体要求，本着科学性、实用性、可读性的原则进行编写。可帮助准备参加技能考核的人员掌握鉴定的范围、内容及自检自测，有利于建筑工程工人岗位等级培训与考核。

本书可作为建筑安装工人职业技能考试复习用书。也可作为广大建筑安装工人学习专业知识的参考书。还可供各类技术院校师生使用。

＊　　＊　　＊

责任编辑：胡明安
责任设计：张　虹
责任校对：李美娜　刘　钰

前　言

　　为了适应建设行业职工培训和建设劳动力市场职业技能培训、鉴定的需要，我们编写了这套《建筑安装工人职业技能考试习题集》，分 7 个工种，分别是：《通风工》、《管道工》、《安装起重工》、《工程安装钳工》、《工程电气设备安装调试工》、《建筑焊割工》、《铆工》。本套习题集根据现行职业技能鉴定考核方式，分为初级工、中级工、高级工三个部分，采用选择题、判断题、简答题、计算题、作图题、实际操作题的形式进行编写。

　　这套习题集主要以现行职业技能鉴定的题型为主，针对目前建筑安装工人技术素质的实际情况和培训考试的具体要求，本着科学性、实用性、可读性的原则进行编写，本套习题集适用于各级培训鉴定机构组织学员考核复习和申请参加技能考试的学员自学使用，可帮助准备参加技能考核的人员掌握鉴定的范围、内容及自检自测，有利于建筑工程工人岗位等级培训与考核。本套习题集对于各类技术学校师生、相关技术人员也有一定的参考价值。

　　本套习题集的内容基本覆盖了相应工种"岗位鉴定规范"对初、中、高级工的知识和技能要求，注重突出职业技能培训考核的实用性，对基本知识、专业知识和相关知识有适当的比重分配，尽可能做到简明扼要，突出重点，在基本保证知识连贯性的基础上，突出针对性、典型性和实用性，适应建筑安装工人知识与技能学习的需要。由于全国地区差异、行业差异及企业差异较大，使用本套习题集时各单位可根据本地区、本行业、本单位的具体情况，适当增加或删除一些内容。

本套习题集的编写得到了中国建筑工业出版社和有关建筑安装单位、职业学校等的大力支持。在编写过程中参照了部分培训教材，采用了最新施工规范和技术标准。由于编者水平有限，书中难免存在若干不足甚至错误之处，恳请读者在使用过程中提出宝贵意见，以便不断改进完善。

编者

目　录

第一部分 初级铆工

1.1 选择题

1. 投影线均匀从投影中心发出，所产生投影的方法称为（B）。
   A. 正投影法 B. 中心投影法 C. 斜投影法 D. 侧投影法

2. 俯视图为（B）。
   A. 正投影 B. 水平投影 C. 侧投影 D. 中心投影

3. 能够准确地表达物体的形状、尺寸及其技术要求的图称为（C）。
   A. 图纸 B. 视图 C. 图样 D. 工艺图

4. 投影图中轴线的图线应为（A）。
   A. 点画线 B. 双点画线 C. 虚线 D. 细实线

5. 投影图中的尺寸的图线应为（B）。
   A. 虚线 B. 细实线 C. 粗实线 D. 轴线

6. 图纸大小都有相应的（D）标准。
   A. 加工 B. 施工 C. 机械制图 D. 国家

7. 工程施工时使用的完整技术图纸称为（D）。
   A. 图纸 B. 图样 C. 工艺图 D. 施工图

8. 能够反映机件某一部分内部结构的剖视图称为（C）视图。
   A. 半剖 B. 全剖 C. 局部剖 D. 以上都不是

9. 加工图样中的极限尺寸就是（D）。
   A. 实际尺寸   B. 基本尺寸
   C. 实测尺寸   D. 尺寸允许的两个极端

10. 基准孔的公差带位于零线的（C），下偏差为零。
    A. 左方 B. 右方 C. 上方 D. 下方

1

11. 加工图样中的形位公差是指限制零件（A）变动的区域。

A. 位置   B. 尺寸   C. 形状   D. 误差

12. 在装配中孔和轴配合时有一定空隙，可做相对运动，这种配合称为（D）。

A. 过渡配合   B. 动配合   C. 过盈配合   D. 间隙配合

13. 在孔和轴的配合中，（B）是指基本偏差为一定的孔的公差带与不同基本偏差轴的公差带形成各种配合的一种制度。

A. 基轴制   B. 基孔制   C. 基准制   D. 精度

14. 加工图样中符号 ▽ 是表示（D）

A. 加工精度   B. 不需要加工   C. 表面精度   D. 表面用去除材料的方法获得

15. 在形位公差中符号 ∠ 是表示（A）。

A. 倾斜度   B. 位置度   C. 角度   D. 坡度

16. 零件的表面粗糙度是指加工表面微观的（A）。

A. 不平度   B. 微小峰谷   C. 平面度   D. 微观几何特征

17. 机械制造中，一般将密度大于（C）的金属称为重金属。

A. $3g/cm^3$ B. $4g/cm^3$ C. $5g/cm^3$ D. $6g/cm^3$

18. 对不同加工工艺方法的适应能力是指金属材料的（A）性能。

A. 工艺   B. 焊接   C. 铸造   D. 切削

19. 金属材料在载荷作用下，能够产生永久变形而不被破坏的能力称为（C）。

A. 强度   B. 韧性   C. 塑性   D. 硬度

20. 低合金结构钢具有较高的（D）及良好的塑性和韧性。

A. 抗拉强度   B. 抗压强度   C. 疲劳极限   D. 屈服强度

21. 冷作模具、钢具有较高的硬度和耐磨性，一定的韧性和抗（C）等特性。

A. 蠕变   B. 变形   C. 疲劳   D. 氧化

22. 淬火能提高钢的强度、硬度和（B）。

A. 韧性　B. 耐磨性　C. 刚度　D. 细化晶粒

23. 錾子的回火温度与氧化色有关，一般回火的氧化色为亮黄色时，其回火温度为（A）。

　　A. 220℃　B. 240℃　C. 265℃　D. 315℃

24. 回火的主要目的是减少或消除淬火应力，防止变形、开裂并（A）等。

　　A. 稳定工件尺寸　B. 改变金相组织

　　C. 提高韧性　　　　D. 提高强度

25. 优质碳素结构钢中主要用于制作冲压件、焊接结构件的钢材是（B）。

　　A. 中碳钢　B. 低碳钢　C. 高碳钢　D. 低合金钢

26. 塑料易燃烧，在光、热作用下，其性能会下降，容易（D）。

　　A. 氧化　B. 变形　C. 破脆　D. 老化

27. 塑料的机械强度较低、耐热散热性较差，而热膨胀系数（A）。

　　A. 很大　B. 很小　C. 较小　D. 较大

28. 热固性塑料固化成形后，再加热时不能产生（B）变化。

　　A. 不可逆　B. 可逆　C. 物理　D. 化学

29. 天然橡胶加硫磺硫化后，当硫的含量较少时，橡胶比较（A）。

　　A. 柔软　B. 耐油　C. 容易成形　D. 耐酸碱

30. 酚醛塑料俗称"电木"，具有良好的耐热性、电绝缘性、化学稳定性及（B）稳定性。

　　A. 形状　B. 尺寸　C. 零件　D. 表面

31. 将构件的各个表面依次铺开在一个平面上的过程称为（B）。

　　A. 作图　B. 展开　C. 划线　D. 放样

32. 求作展开图的方法有作图法和（A）。

　　A. 计算法　B. 展开法　C. 划线法　D. 放样法

33. 根据展开（C），展开构件表面可分为可展表面和不可展表面两类。

A. 形状　B. 方法　C. 性质　D. 作图

34. 平行法适用于素线相互（A）的构件的展开。

　A. 平行　B. 垂直　C. 倾斜　D. 交叉

35. 冷作钣金工在划线过程中较短直线通常采用金属直尺和直角尺划出而较长直线一般用（D）。

　A. 长直尺划出　B. 延长线　C. 分段划出　D. 粉线弹出

36. 三角形法适用于（B）表面展开。

　A. 斜圆锥　B. 天圆地方　C. 组合体　D. 相贯体

37. 为了准确地反映结构的实际形状和尺寸，放样比例是（B）。

　A. 一定的比例　B. 1：1　C. 1：5　D. 2：1

38. 剪床是利用上下两剪刃的（C）来切断材料的。

　A. 剪切力　B. 传动　C. 相对运动　D. 间隙运动

39. 气割是常用切割方法，一般低碳钢、中碳钢和（A）均能进行气割切割。

　A. 低合金钢　B. 不锈钢　C. 高碳钢　D. 球墨铸铁

40. 龙门剪床根据传动机构布置的位置不同，可分为（B）两种。

　A. 左传动和右传动　　　　B. 上传动和下传动

　C. 快速传动和慢速传动　　D. 高传动和低传动

41. 润滑油在摩擦表面形成一层油膜，使两个接触面上的微凸起部分不至于产生撞击，并可减小相互的（A）。

　A. 摩擦阻力　B. 摩擦力　C. 阻力　D. 挤压

42. 任何复杂的图形都是由（C）组成的。

　A. 基本几何体　B. 方形　C. 基本几何图形　D. 圆形

43. 三角形法展开的原理是将构件的表面分成一组或多组（C）。

　A. 四边形　B. 对角线　C. 三角形　D. 小块

44. 砂轮切割机是利用砂轮片（A）与工件摩擦产生热量，使之熔化而形成割缝。

　A. 高速旋转　B. 摩擦力　C. 锋刃　D. 压力

45. 利用冲模使板料相互分离的工艺称为（B）。

A. 切割　B. 冲裁　C. 下料　D. 加工

46. 在构件的（C）进行相关联的划线称为立体划线。

A. 曲面　B. 弧面　C. 立面　D. 几个平面

47. 划线时划针与零件表面倾斜的角度一般为（B）。

A. 30°~60°　B. 45°~75°　C. 25°~75°　D. 45°~80°

48. 錾削平面用扁錾进行錾削，每次的錾削约为（D）mm 为宜。

A. 0.3~1　B. 0.4~1　C. 0.5~1.5　D. 0.5~2

49. 在锯削回程时应略（A）锯条，速度要加快些，以减小锯条磨损。

A. 抬高　B. 轻微摩擦　C. 压低　D. 用力摩擦

50. 一般立体划线时划线平台就是划线的（A）。

A. 画线基准　B. 基准平面　C. 定位基准　D. 尺寸基准

51. 按操作规程，锉刀上不可沾（C）、沾水。

A. 盐酸　B. 硫酸　C. 油　D. 化学用品

52. 取九等分直径的（B）之和，即可九等分圆周。

A. 4 等分　B. 3 等分　C. 6 等分　D. 5 等分

53. 用板牙套螺纹前应将圆杆端插入锥角，锥体的最小直径应比（C）略小。

A. 板牙大径　B. 螺纹直径　C. 螺纹小径　D. 螺纹大径

54. 套螺纹时螺纹直径应（D）圆杆的直径。

A. 小于　B. 略等于　C. 略大于　D. 略小于

55. 一般锉刀是不可以锉毛坯上的硬皮及经过（C）的工件。

A. 回火　B. 淬火　C. 淬硬　D. 调质处理

56. 锯削开始时，行程要（A），压力要小，速度要慢。

A. 长　B. 短　C. 合适　D. 用力小

57. 在粗锉时，应充分使用锉刀的有效（B），既可提高锉削效率，又可避免锉齿局部磨损。

A. 长度　B. 全长　C. 距离　D. 尺寸

58. 平面划线基准的类型中，有以两个互相（B）的平面（或直线）为基准的类型。

A. 平行 B. 垂直 C. 相交 D. 倾斜

59. 錾子要保持锋利，（D）的錾子工作很费力，錾削表面不平整，且容易打滑。

　　A. 过平 B. 过尖 C. 过重 D. 过钝

60. 钻头是用（B）制作成的。

　　A. 高碳钢 B. 高速钢 C. 低合金钢 D. 工具钢

61. （C）V 以下为安全电压。

　　A. 24 B. 34 C. 36 D. 38

62. 按动作方式，行程开关可分为瞬动型和（B）型两种。

　　A. 接触 B. 蠕动 C. 微动 D. 旋转

63. 两极开关用于控制（A）电路。

　　A. 单相 B. 两种 C. 串联 D. 并联

64. 当电路中发生短路、过载和（B）等故障时，低压断路器能自动切断故障电路。

　　A. 超负荷 B. 失压 C. 回路 D. 断路

65. 安全用电的原则是不接触（B）带电体。

　　A. 高压 B. 低压 C. 裸露 D. 超高压

66. 自动空气开关集（C）和多种保护功能于一体。

　　A. 分合 B. 断开 C. 控制 D. 操作

67. 封闭式负荷开关采用了储能分闸、合闸方式，这样有利于迅速（D）。

　　A. 开关 B. 切断电源 C. 安全操作 D. 熄灭电弧

68. 刀开关为开启式（B）开关。

　　A. 控制 B. 负荷 C. 熔断 D. 触头

69. 铁壳开关采用的储能方式和合闸方式，是使触点的分合速度与（C）无关。

　　A. 电动操作速度 B. 电器控制速度

　　C. 手柄操作速度 D. 电气控制速度

70. 三相异步电动机有笼形和（D）两种结构。

　　A. 匝线式 B. 插线式 C. 绑线式 D. 绕线式

71. 环境保护法为国家执行环境监督管理职能提供了法律（C）。

A. 武器　B. 保障　C. 依据　D. 重要工具

72. 环境是指影响人类（C）的各种天然和经人工改造的自然因素的总体。

A. 生存与健康　B. 生活与发展

C. 生存与发展　D. 健康与发展

73. 在开发新技术、新材料的过程中，必须要注意其可能带来的（D）。

A. 环境影响　B. 环境保护　C. 环保问题　D. 环境污染

74. 电工、电焊工、行车工等特殊工种必须持有相应的特殊（D）才能上岗工作，否则不准操作。

A. 技能等级证　B. 毕业证　C. 培训资格证　D. 工种操作证

75. 氧气瓶距离乙炔瓶、乙炔发生器、明火或热源应大于（C）。

A. 10m　B. 6m　C. 5m　D. 8m

76. 焊缝符号"Υ"表示（A）V形坡口焊缝。

A. 带钝边的单边　　B. 带钝边的双边

C. 不带钝边的双边　D. 不带钝边的单边

77. 焊缝补充符号"Z"表示（A）。

A. 双面交错断续焊缝　B. 双面交错连续焊缝

C. 对称焊缝　　　　　D. 交错焊缝

78. 焊接结构图是一种既表现结构、形状、尺寸，又表明此结构焊接时的接头形式、（B）、焊接位置和焊缝符号的机械图。

A. 角接形式　B. 坡口形式　C. 对口形式　D. 焊接形式

79. 样杆主要用于定位，有时也用于简单零件的（D）。

A. 支撑　B. 划线　C. 下料　D. 号料

80. 停止气割时，先关闭（B）阀门。

A. 乙炔　B. 氧气　C. 总　D. 氧乙炔

81. 手工矫正用的主要工具有木锤、铜锤和平锤等，主要设备有（C）。

A. 铁锤　B. 平板　C. 平台　D. 台钳

82. 矫正扁钢平面向上弯曲时，可锤击（C）处使其平直。

   A. 未弯 B. 边缘 C. 凸起 D. 翘起

83. 钢材产生变形的原因是受（D）等因素的影响。

   A. 加热和内力 B. 吊装和运输

   C. 运输和内力 D. 外力和加热

84. 钢板扁钢每 1m 变形的允许偏差为 $t < 14mm$、（C）mm。

   A. $f \leqslant 0.5$ B. $f \leqslant 1$ C. $f \leqslant 1.5$ D. $f \leqslant 2$

85. 矫正薄钢板中间凸起的变形时，沿凸起四周向外锤击展伸，锤击密度为（C）。

   A. 由里向外   B. 由上而下

   C. 中间疏、外部密   D. 中间密、外部疏

86. 矫正（D）钢板常使用上列轴倾斜的矫正机。

   A. 较厚 B. 较薄 C. 中厚 D. 中薄

87. 在型钢矫正机矫正型钢时，（A）是消除回弹现象的方法。

   A. 适当过量 B. 适当放松 C. 弯曲过量 D. 加热矫正

88. 型钢撑直机矫直型钢时采用的是（C）弯曲方法矫直的。

   A. 压力 B. 正向 C. 反向 D. 矫正力

89. 钢管在矫正时，由于受矫正机压辊作用，一方面做（D）运动，一方面受力弯曲，从而获得矫正。

   A. 曲面 B. 直面 C. 旋转 D. 螺旋

90. 线状加热的加热区域应根据工件的厚度和（B）而定。

   A. 截面形状，工件尺度 B. 变形程度、工件厚度

   C. 工件形状，材料质量 D. 结构尺度、工件宽度

91. 线状加热的加热宽度一般为钢材厚度的（D）倍。

   A. 1~3 B. 0.5~3 C. 1~2 D. 0.5~2

92. 冷作钣金加工后，切削加工余量应在原尺寸的基础上加放（B）mm。

   A. 2~4 B. 3~5 C. 4~6 D. 5~8

93. 切削加工中若用气割打孔，间隙余量应取（D）mm。

   A. 3~5 B. 6~8 C. 8~10 D. 5~10

94. 连续焊缝的纵向收缩量为（B）mm/m。

　　A. 0. 3～0. 5　B. 0. 2～0. 4　C. 0. 6～0. 8　D. 1. 2～1. 5

95. 合理用料是在保证生产质量、符合技术要求和（A）工艺的前提下进行。

　　A. 加工　B. 组装　C. 施工　D. 连接

96. 零件（D）与材料的总面积之比就是材料利用率。

　　A. 体积　B. 厚度　C. 面积　D. 总面积

97. 冷作钣金加工板厚大于（A）mm 时，都要进行板厚处理。

　　A. 1. 5　B. 2　C. 2. 5　D. 3

98. 以折弯的（C）尺寸为展开依据是折弯构件的特点。

　　A. 中心层　B. 中性层　C. 内侧　D. 外侧

99. 异径斜交三通管大圆管上孔的展开时，应该以（A）尺寸为准。

　　A. 外层　B. 内层　C. 接触　D. 1/2

100. 异径斜交三通管支管长度以中心线为界，一半以（C）高度为准，另一半以内层高度为准。

　　A. 内层　B. 1/2　C. 外层　D. 中性层

101. 展开中消除板厚对（C）的影响就是板厚处理。

　　A. 构件　B. 表面　C. 尺寸　D. 形状

102. 冷作钣金工对板厚处理的最小厚度是（D）mm。

　　A. 2　B. 2. 5　C. 0. 5　D. 1. 5

103. 依据板厚的（B）尺寸作为展开依据的是圆弧形构件。

　　A. 内径减一个皮厚　B. 中心线　C. 外径　D. 内径

104. 相贯线件在板厚处理时，以连接处（C）部位的尺寸作为展开依据。

　　A. 里皮　B. 外皮　C. 接触　D. 中心

105. 切口整个厚度的金属（C）速度与气割速度相一致。

　　A. 火焰能率　B. 切割　C. 熔化　D. 氧化

106. 高速气割切割速度比普通气割快（C）。

　　A. 50%～80%　　B. 50%～100%

C. 40% ～100%　　D. 60% ～100%

107. 对于剪切常用的低碳钢钢板刀片，间隙一般为材料厚度的（D）。

　　A. 4% ～8%　B. 4% ～7%　C. 2% ～8%　D. 2% ～7%

108. 型钢弯曲时，力的作用线与（D）不在同一平面上。

　　A. 中心线　B. 曲线　C. 受力断面　D. 重心线

109. 为了增加构件的（D），减轻构件的重量，最平常的方法是拔缘。

　　A. 弹性　B. 韧性　C. 塑性　D. 刚性

110. 弯管时采用不同弯曲方法的目的是设法减小弯管的截面积和管壁的（D）。

　　A. 圆度误差　B. 减薄量　C. 受力程度　D. 变形量

111. 多曲率弯曲件是指弯曲半径的弯曲（A）。

　　A. 柱面　B. 曲面　C. 平面　D. 几何面

112. 卷弯过程中，卷弯机的（C）是产生锥形的主要原因。

　　A. 压力不均匀　　　　B. 两上辊不平行

　　C. 上辊与下辊不平行　D. 压力太大

113. 卷弯中进料时，（D）会产生扭曲。

　　A. 压力过大　B. 压力过小　C. 操作不当　D. 对中不良

114. 材料的（D）强度越高，弹性模量越小，弯曲件的回弹力也越大。

　　A. 抗拉　B. 抗弯　C. 抗压　D. 屈服

115. 卷弯中，坯料沿辊轴（A）造成局部压薄会产生扭斜。

　　A. 受力不均　B. 压力过小　C. 压力过大　D. 操作不当

116. 计算拉伸件坯料尺寸的方法有（A）、等体积法和检验公式法。

　　A. 等面积法、周长法　B. 周长法、放样法

　　C. 放样法、等重量法　D. 等尺寸法、周长法

117. 按等面积计算无凸缘筒形拉伸件的方法是将他分成（A）个简单几何体并分别求面积。

A. 3　B. 4　C. 5　D. 6

118. π乘以圆锥外径再乘以圆锥斜高被（D）除是圆锥的表面积计算公式。

　A. 5　B. 2d　C. 2π　D. 2

119. 圆锥台表面积为（D）分之π乘以圆锥台斜高再乘以大圆外径加小圆外径之和。

　A. 5　B. 2d　C. 2π　D. 2

120. 封头边缘的加工余量一般取（A）mm

　A. 5 ~ 10　B. 5 ~ 12　C. 4 ~ 8　D. 4 ~ 10

121. 起伏就是改变坯料或工件的（B），使它形成局部下凹或向上凸起的工序。

　A. 结构　B. 形状　C. 用途　D. 刚度

122. 提高了薄板的（D），并使制件表面光滑美观是起伏的目的。

　A. 强度，韧性　B. 硬度，塑性

　C. 强度，硬度　D. 强度，刚度

123. （C）适用于不锈钢的拉伸。

　A. 二次拉伸　B. 热压　C. 冷压　D. 初压

124. 爆炸成形是利用炸药爆炸产生的(B)，使坯料成形的方法。

　A. 高温高压　B. 冲击波　C. 高温　D. 高压

125. 操作方便、（B）是爆炸成形的特点。

　A. 成本低、生产周期短　B. 成本低、产品周期短

　C. 成本高、产品周期长　D. 成本高、生产周期短

126. 弯管时虽然采用的弯曲方法不同，但目的都是设法减小弯管的截图和管壁的（A）。

　A. 变形量　B. 弯曲量　C. 圆度误差　D. 回弹

127. 手工弯曲成形常用于薄板、小型件的（D）下弯曲成形。

　A. 恒温　B. 高温　C. 低温　D. 常温

128. 检查弯管的质量时，除了按图纸要求检查弯曲弧度、弯曲角度外，还要重点检查管子的（A）变形是否符合要求。

A. 横截面　B. 纵截面　C. 斜截面　D. 剖面

129. 放边是把工件单边延伸（A）而弯曲成形的方法。

A. 变薄　B. 变厚　C. 变长　D. 不变

130. 当压弯件的弯曲半径较小，而材料的塑形又较差时，容易在压弯处出现裂纹，号料时应考虑钢板的压延纹路与工件将要压弯的方向要尽量（A）。

A. 垂直　B. 倾斜　C. 一致　D. 平行

131. 当弯管的弯曲半径大于钢管直径的（D）倍时，一般都采用无芯弯管。

A. 3　B. 2　C. 2.5　D. 1.5

132. 在宽度合适的槽钢上进行敲圆操作时，要注意经常用卡形样板测量，防止筒形两端的（B）不一致，或者扭曲致使接口不对应。

A. 大小　B. 弧度　C. 长度　D. 尺寸

133. 在卷板机上卷弯时，找正应使板料的母线与辊筒轴线（A），防止出现歪斜现象。

A. 平行　B. 垂直　C. 重合　D. 一致

134. 板料在凸模压力作用下，通过凹模形成一个开口（C）工件的压制过程称为压延。

A. 对称　B. 实心　C. 空心　D. 完整

135. 角框架是经过冷弯或热弯加工而成的，不论冷弯或热弯，其展开长度两者（B）。

A. 不一样　B. 一样　C. 相近　D. 以上都不是

136. 一般情况下，钣金工装配的测量基准使用的是（C）。

A. 装配基准　B. 定位基准　C. 放样基准　D. 展开基准

137. 按图样规定的技术和工艺要求，将零件或部件连接成整体，使之成为半成品或成品的（B）过程称为装配。

A. 组合　B. 工艺　C. 组装　D. 配合

138. 选用某基准面来支持所装配的金属结构件的（B）称为支撑。

A. 外表面　B. 安装表面　C. 内表面　D. 侧表面

139. 金属结构件在装配时的主要定位方法有（A）定位、样板定位和定位元件定位。

A. 划线　B. 焊接　C. 安装　D. 以上都不是

140. 装配是产品制造过程中的（B）一道工序，是一项非常重要而又细致的工作，对产品质量起着决定性的作用。

A. 中间　B. 最后　C. 开始　D. 以上都不是

141. 装配时对零件的各种角度位置通常采用（A）定位。

A. 样板　B. 90°角尺　C. 尺寸　D. 以上都不是

142. 线性尺寸是指零件上被测的点、线、（D）与测量基准间的直线距离。

A. 曲面　B. 平面　C. 几何面　D. 面

143. 冷作钣金工装配中应用最广泛的是（C）。

A. 测量基准　　　B. 样板检查

C. 线性尺寸测量　D. 金属直尺测量

144. 平行度、倾斜度、垂直度、（B）的测量等都属于形状与位置的测量。

A. 弧度、水平度　B. 同轴度、角度

C. 圆度、水平度　D. 弧度、角度

145. 装配夹具就是对零件装配时施加压力，使其获得准确（C）的工艺装备。

A. 夹紧　B. 支撑　C. 定位　D. 尺寸

146. 焊条焊芯的作用是作为电极产生（C）。

A. 电压　B. 电流　C. 电弧　D. 电阻

147. 焊条药皮的作用是起到冶金处理的作用和（B）。

A. 保温作用　　　B. 机械保护作用

C. 阻挡弧光作用　D. 保护焊道作用

148. 受潮的酸性焊条焊前烘干温度控制在（D）℃左右，时间为1～2h。

A. 100　B. 120　C. 140　D. 150

149. 立焊时应采用（B）焊条和小电流。

  A. 大直径 B. 小直径 C. 酸性 D. 碱性

150. 通过（A）、机械压缩、磁收缩可以形成等离子弧。

  A. 热收缩 B. 冷收缩 C. 电弧收缩 D. 电弧压缩

151. 碱性焊条焊前须经（D）℃左右烘焙 1~2h。

  A. 250~400 B. 400~450 C. 300 D. 350

152. 铆钉直径小于（B）mm 常用手工冷铆。

  A. 9 B. 8 C. 7 D. 6

153. （C）是拉铆的主要材料。

  A. 半圆头钉 B. 空心铆钉 C. 抽芯铆钉 D. 铁铆钉

154. 铆钉的加热温度在（A）℃，一般用铆钉枪热铆。

  A. 1000~1100 B. 800~1100 C. 900~1000 D. 800~1000

155. 铆接是通过活塞上下运动产生冲击力、锤击（B）进行铆接。

  A. 模具 B. 罩模 C. 铆钉 D. 冲头

156. 被铆工件的总厚度不应超过铆钉直径的（B）倍。

  A. 6 B. 5 C. 4 D. 3

157. 正确的胀接率与（B）及厚度有关。

  A. 管板材料、直径   B. 管子材料、直径

  C. 胀管器材料、直径 D. 管孔材料、直径

158. 胀管前根据气泡的（C）来确定胀接管子内径和胀接长度。

  A. 公称压力 B. 胀接顺序 C. 管孔直径 D. 管子壁厚

159. 影响胀接质量的主要因素有（D）。

  A. 管端形状 B. 管板厚度 C. 管壁厚 D. 间隙

160. 螺母拧紧后依靠弹簧垫圈压平后产生的弹力，使连接件轴向张紧，产生（A），这是弹簧垫圈的工作原理。

  A. 压力 B. 摩擦阻力 C. 弹性压力 D. 偏转力

161. 对于常用的螺纹连接，增大摩擦力的防松措施有加（C）和双螺母。

  A. 垫圈 B. 止退垫圈 C. 弹簧垫圈 D. 开口销

14

162. 机械防松的原理是利用各种止动零件，阻止螺纹零件的（D）。

　　A. 转动　　B. 振动　　C. 运动　　D. 相对转动

163. 常见的气焊、电弧焊、（B）、气体保护焊等都属于熔焊。

　　A. 钎焊　　B. 电渣焊　　C. 冷压焊　　D. 压弧焊

164. 气焊薄板时，为防止焊件被烧穿，火焰能率要适当减小，焊嘴要（C）一些。

　　A. 大　　B. 中　　C. 小　　D. 以上都不是

165. 因焊件接头的形式、钢板的（B）、焊缝的长短、工件的形状、焊缝的位置等原因，焊件焊后会出现各种不同形式的变形。

　　A. 形状　　B. 薄厚　　C. 长短　　D. 大小

166. 成组螺栓拧紧时，必须按照一定的顺序进行，并做到分次逐步拧紧，一般分（C）次。

　　A. 1　　B. 2　　C. 3　　D. 4

167. 焊缝重心到结构截面（D）的距离决定焊件变形量的大小。

　　A. 两端　　B. 一端　　C. 中心线　　D. 重心线

168. 在较薄的材料、有色金属和（A）补焊时经常采用锤击焊缝法。

　　A. 铸铁　　B. 铸钢　　C. 管材　　D. 型钢

169. 连续焊缝的横向收缩量是（B）mm/条。

　　A. 0. 5 ~ 1，2　　B. 0. 2 ~ 0. 4　　C. 0. 3 ~ 0. 5　　D. 0. 2 ~ 0. 5

170. 预变形（B）控制的正确性决定了反变形法的主要操作重点。

　　A. 数值　　B. 压力　　C. 角度　　D. 尺度

171. ±（D）mm 是焊接零件组装搭接长度允差。

　　A. 2　　B. 3　　C. 4　　D. 5

172. 组焊工字形截面的高度允差是 ±（C）mm。

　　A. 3　　B. 2. 5　　C. 2　　D. 1. 5

173. 采用（C）检验方法是对构件的内部检验常用的检验方法。

　　A. 磁粉探伤　　B. μ 射线探伤　　C. 非破坏性　　D. 着色

174. 在冷作钣金工件的制造中，其形状、位置和尺寸公差的（B）是一道重要工序。

　　A. 检查　B. 检验　C. 观察　D. 测量

175. 质量特性一般包括（A）、可靠性、安全性、使用寿命、经济性及外观等因素。

　　A. 性能　B. 质量　C. 品质　D. 几何尺寸

176. 检测原材料的厚度、直径等尺寸时，应在不小于材料边缘或断面（B）mm 处检测。

　　A. 50　B. 40　C. 30　D. 20

177. 构件的形状检测，一般要进行（C）以上方向线性尺寸、角度的检测。

　　A. 4 个　B. 3 个　C. 2 个　D. 1 个

178. 尺寸的检测指零件上被测量的点、线、面与测量（B）间的距离。

　　A. 基础　B. 基准　C. 位置　D. 点

179. 工件、构件的形状为圆弧或成一定（C）时，或者形状较为复杂，可用样板进行检测。

　　A. 弧度　B. 斜面　C. 角度　D. 异性

180. 当成批量制作零件时，可用量规、（A）等进行线性尺寸的检测，以提高检测效率。

　　A. 样杆　B. 样板　C. 粉线　D. 卷尺

1.2　判断题

1. 在视图中，投影线与投影面倾斜的平行投影法为正投影法。（×）

2. 按国家标准规定，视图分别采用正立投影视图、水平投影视图和侧立投影视图。（√）

3. 一般零件用六个视图就完全能够表达其全貌。（×）

4. 局部剖视图是反应机件内部结构的视图。（×）

16

5. 互换性是指相同的零件可以任意选用装配。（×）

6. 视图中标注的尺寸都是基本尺寸。（×）

7. 设计给定的尺寸称为实际尺寸。（×）

8. 允许尺寸变动的两个界限值称为极限尺寸。（√）

9. 在孔和轴的配合中，基孔制是指基本偏差为一定的轴的公差带与不同基本偏差的孔的公差带形成各种配合的一种制度。（×）

10. 形状公差中的直线度是指被测直线的允许偏差。（×）

11. 表面粗糙度就是指被加工表面的精度。（×）

12. 金属材料的强度是指抵抗变形和破坏的能力。（√）

13. 含碳量小于0.5%的为低碳钢。（×）

14. 低碳钢主要用于制作冲压件、焊接结构件及强度不高的机械零件。（√）

15. 碳素工具钢主要用于制作齿轮、主轴、连杆等零件。（×）

16. 正火就是将钢加热到一定温度后，随炉缓慢冷却的热处理工艺。（×）

17. 淬火能提高钢的强度、硬度和耐磨性。（√）

18. 退火指将钢加热后对其细化晶粒，改善其切削加工性。（×）

19. 橡胶是一种高分子材料，分天然橡胶和合成橡胶。（√）

20. 塑料具有良好的耐腐蚀性能。（√）

21. 龙门剪床主要用于剪切直线，刀刃较长，能剪切较宽的板材，剪切厚度由剪床的大小而定。（×）

22. 气割是最常用的切割方法，一般只能对低碳钢、中碳钢和低合金钢进行切割。（√）

23. 气割时割嘴和钢板表面要保持垂直，与钢板表面的距离一般为1.5~2mm。（×）

24. 卷板时板料在上下辊压力和摩擦力作用下，发生连续三点的均匀弯曲，从而完成卷弯成形。（√）

25. 板料折弯压力机是由机架、滑块、工作台和气缸组成。（×）

26. 板料折弯机工作时以高压油为动力，利用油缸和活塞式滑块、模具产生运动，完成对板料的压弯工作。（√）

27. 机械传动弯管机的弯管模是通过传动轴与蜗轮连接在一起。（×）

28. 液压传动弯管机管模的旋转是由液压油缸推动的。（√）

29. 为提高工作效率，可在刨边机刀架上同时安装两把刀具，以同方向进刀切削。（√）

30. 设备中使用的润滑油除起润滑、冷却作用外，不能起洗涤和防锈作用。（×）

31. 润滑剂在摩擦表面之间的薄膜具有缓冲和吸收振动的作用。（√）

32. 气焊时一般焊丝在焊接火焰之后，这样容易观察熔池。（×）

33. 手工电弧焊机主要有直流焊接和交流焊接两大类。（√）

34. 铆钉枪主要由罩模、枪体、扳机、管接头和冲头等组成。（√）

35. 划针是由 $\phi3 \sim \phi5mm$ 的弹簧钢或高速钢制作而成，一般将划针尖部磨成 $15 \sim 25$。（×）

36. 划规的两脚长度要相等，两脚合拢时脚尖才能靠近。（×）

37. 划针盘的直头用来划线，而弯头用于找正工件。（√）

38. 工件划线基准要根据图纸标注尺寸的总长和总高来确定。（×）

39. 坯料找正时都需要用借料的方式来解决。（×）

40. 常用的錾子有扁錾、尖錾两种。（×）

41. 錾削时，手锤的木柄尾端应露出 $15 \sim 30mm$。（√）

42. 锯弓在安装锯条时应使齿尖的方向朝后。（×）

43. 普通钳工锉刀按其断面形状不同可分为平锉、方锉、三角锉和圆锉 4 种。（×）

44. 麻花钻是由高速钢制成的，由颈部、柄部和工作部分组成。（√）

45. 钻孔的操作步骤一般为划线、夹持、起钻和钻削。（×）

46. 钻削小孔时可以戴手套。（×）

47. 绞孔是用绞刀加工高精度的加工方法。（√）

48. 攻螺纹前必须先钻出底孔，然后才能在孔壁上加工螺纹。（√）

49. 用圆板牙在圆杆上套出内螺纹的加工方法为套螺纹。（×）

50. 新锉刀的使用是先用一面，再用另一面。（×）

51. 组合开关常用于机床的电气控制线路中，作为电压的引入开关。（×）

52. 低压断路器也称手动空气开关，它集控制和多种保护功能于一体。（×）

53. 主令电器一般用于控制电路，控制其他如接触器、继电器等电器的工作，以完成对主电路的分断与接通任务。（√）

54. 熔断器是高压配电网络和电力拖动系统中用做短路保护的电器。（×）

55. 转子是电动机转动部分，由转子铁芯、转子和转轴 3 部分组成。（×）

56. 电击是指电流流过人体而引起的内部伤害。（√）

57. 根据安全用电的原则，火线可以不接入开关。（×）

58. 电流对人体的危害程度主要取决于流经人体电流的大小。（√）

59. 线路中的电流大小及其稳定性与负载性质无关。（×）

60. 电气设备要有一定的绝缘电阻。（√）

61. 在加工中清除切削要根据情况使用相应工具，小铁屑可直接用手拉。（×）

62. 齿轮传动机构、钻床、卷板机等设备，由于旋转部分外露，操作人员不规范的穿戴和发饰容易对其造成伤害。（√）

63. 防护用品是用于保护职工安全和健康的，必须正确穿戴衣、帽、鞋等护具。（√）

64. 保证设备安全运行的重要条件是执行设备的操作方法。（×）

65. 检查气割、气焊设备连接处是否泄漏，应用小明火试漏。（×）

66. 登高作业时应戴好安全带，安全带应低挂高用，以便更好地保障人身安全。（×）

67. 环境是指影响人类生存和发展的各种天然的和经过人工改造的自然因素的总称。（√）

68. 《中华人民共和国环境保护法》是我国环境保护的适用法律。（×）

69. 防止噪声污染一般从声源、传播途径和接受者三方面考虑。（√）

70. 对含有毒性、易燃性、腐蚀性和放射性的有害废弃物要综合利用。（×）

71. 一台机器或一个部件是由若干个零件按一定的技术要求装配而成。（√）

72. 装配图上的安装尺寸是指机器上的安装尺寸。（×）

73. 成形样板是指供号料或者号料的同时号孔的样板。（×）

74. 验形样板主要用于检查弯曲件的角度和曲率。（×）

75. 放样是根据施工图的要求按正投影的原理把零部件以1:1的比例放到放样板上。（×）

76. 回火是淬火的继续，经淬火的钢件一般都要回火处理。（√）

77. 零件图、俯视图中零件投影高度相等且平齐。（×）

78. 冷作工划线时垂直线可以直接用量角器或90°角尺划出。（×）

79. 装配定位线或结构上的某些孔口，需要在零件加工后或装配过程中划出，这属于二次号料。（√）

80. 在实际生产中，为提高材料的利用率，常用小拼料的结构，不必考虑工艺要求。（×）

81. 在同一接头上，铆接的铆钉数量越多，其强度就越大。（×）

82. 定位的目的就是对进行装配的零件在所需位置上不让其自由移动。（√）

83. 攻制同一规格的螺纹时，塑性材料的底孔直径应略大于脆性材料的底孔直径。（√）

84. 由于酸性焊条的工艺性能和所焊接焊缝金属的力学性能都比碱性焊条要高，所以常用于合金钢和重要碳钢结构的焊接。（×）

85. 45 号钢可以用于制造车床主轴。（√）

86. 为了保证零件能正常工作，材料的屈服点应低于零件工作时的应力。（×）

87. 珠光体可锻铸铁的抗拉强度高于黑心可锻铸铁的抗拉强度。（√）

88. 碳的质量分数 >2.11% 的铁碳合金称碳素钢。（×）

89. 碳素工具钢和合金工具钢用于制造中速和低速成形刀具。（√）

90. 高精度量具采用膨胀系数大的材料制造。（×）

91. 合金结构钢牌号前面的两位数字表示该钢平均碳的质量的万分数。（√）

92. 为保持高硬度，高速钢淬火后不必进行回火处理。（×）

93. 基本偏差确定公差带的位置。（√）

94. 通常刀具材料的硬度越高，耐磨性越好。（√）

95. 游标卡尺可以用来测量沟槽及深度。（√）

96. 冷作钣金图样中有些零件尺寸不予标注，而是通过计算或放样求出的。（√）

97. 由两个或两个以上的基本集合体组成的构件叫相贯体。（√）

98. 放射线法的展开原理是将构件表面由锤定起作一系列放射线。（√）

99. 材料利用率是指材料上零件的面积与材料中面积之比。（×）

100. 冷作钣金图样中有些非主要的且较简单的零件则不予反映。
（√）

101. 画在平面上的基本视图称展开图。（×）

102. 直线三角形法是求实长线的唯一方法。（×）

103. 方圆接管一般用直角梯形法展开。（×）

104. 多辊矫正机的工作部分是由一系列轴线呈一定角度分布的双曲线压轴所组成。（√）

105. 氧气、乙炔、氮气是冷作钣金工常用的气体。（×）

106. 龙门剪床上下切削刃之间的间隙对剪切厚度没有影响。（×）

107. 气割的设备和工具有氧气、乙炔、钢瓶、减压阀、橡胶管、割炬。（×）

108. 手工夹具的形式很多，可分为杠杆夹具、螺旋夹具。（×）

109. 上列辊倾斜的矫正机常用于中薄钢板的矫正。（√）

110. 圆盘剪床既能剪直线，也能剪曲线，又可完成切圆孔等加工。（√）

111. QA34-16型联合冲剪机的传动部分在机架的下部。（√）

112. 线状加热的区域不应根据变形程度和工件的厚度而定。（×）

113. 矫正薄钢板中间凸起的变形时，沿凸起四周向外锤击展伸，锤击密度为中间疏、外部密。（√）

114. 钢板、扁钢每 $1m$ 变形的允许偏差为 $t < 12mm$、$t \leqslant 2.5mm$。（×）

115. 钢材因外力和加热等因素的影响会产生各种变形。（√）

116. 用大锤衬于变形位置锤击凸处可矫正槽钢两翼局部凸起变形。（×）

117. 钢板矫正原理是通过外力或加热使各部分纤维长度不相等的过程。（×）

118. 线状加热的加热区域应根据工件的厚度和截面形状而定。（×）

119. 火焰矫正加热时，加热点的最小直径不能小于 15mm。（√）

120. 火焰矫正的加热速度和加热点直径的大小应根据变形程度和工件厚度而定。（√）

121. 火焰矫正的原理是利用了钢材冷热温差的特点。（×）

122. 火焰矫正的加热温度一般取 600～900℃。（×）

123. 组焊箱形截面的垂直度允差是 $b/200$，且不大于 2mm。（×）

124. 在特殊情况下放样可采用一定的比例。（√）

125. 组焊工字形截面的高度允差是 ±1mm。（×）

126. 切削加工中若用气割打孔，间隙余量应取 5～10mm。（√）

127. 板厚处理相贯构件时，以连接处没有接触部位尺寸为展开依据。（×）

128. 异径斜交三通管支管长度以中心线为界，一半以内层高度为准，另一半以外层高度为准。（√）

129. 展开计算的依据是中心层。（×）

130. 錾子刃磨时，刃口的平直度和楔角可用目测或用金属直尺、角度样板等检测。（√）

131. 切削加工中若用气割打孔，间隙余量应取 3～5mm。（×）

132. 錾子的热处理包括淬火和正火两个过程。（×）

133. 切削加工中若用气割打孔，间隙余量应取 5～10mm。（√）

134. 普通气割切割速度比高速气割低 40%～100%。（×）

135. 通常气割中等厚板时，预热火焰的能率选择随割件厚度增加而加大。（√）

136. 管子弯曲时，普通碳素钢的加热温度为 600～900℃。（×）

137. 型钢弯曲时，重心线与力的作用线在同一平面上。（×）

138. 零件的定位包括挡铁定位、定位销定位、尺寸定位、样板定位。（×）

139. 冷作钣金工装配中应用最广泛的是线性尺寸测量。（√）

140. 形状与位置的测量包括平行度、倾斜度、垂直度、圆度、

角度的测量等。（×）

141. 储气罐是由筒体、封头和支脚等构成的。（√）

142. 焊条焊芯的作用是熔化后作为填充金属。（√）

143. 焊条药皮的作用只是气起隔离空气的作用。（×）

144. 等离子弧是通过机械压缩、电弧收缩、磁收缩而形成的。（×）

145. 拉铆的主要材料是铆钉。（×）

146. 用手工冷铆时铆钉直径小于6mm。（×）

147. 用手工冷铆是铆钉直径应小于7mm。（√）

148. 一般的螺纹连接都具有加紧性。（×）

149. 管子的材料是影响胀接质量的主要因素。（×）

150. 机械防松是利用各种止动零件，阻止螺纹零件的相对转动来实现防松的。（√）

151. 胀管前管子的退火长度一般取管板的厚度再加150mm。（×）

152. 螺母拧紧后依靠弹簧垫圈压平后产生的弹力进而产生摩擦力，达到防松的目的。（×）

153. 焊接变形量的大小取决于焊缝重心到结构截面中心线的距离。（×）

154. 产生焊接应力与变形的根本原因是焊缝内金属受热时各部分收缩不均匀。（√）

155. 焊缝的直观检验项目有焊缝外形尺寸检验和咬边检验。（×）

156. 常用的焊缝致密性检验方法有水压试验、气压试验和煤油试验。（√）

1.3 简答题

1. 全剖视图、半剖视图和局部剖视图有什么区别？

答：全剖视图是指用剖切平面完全地剖开机件所得的视图，

24

它能清楚地反映机件的整个内部结构。半剖视图是指以视图对称中心线为界，一半为剖视图，反映零件的内部结构；另一半为视图，反映零件的外部形状。局部剖视图是指剖视局部视图，反映零件局部内部结构。

2. 什么是互换性？

答：互换性是指同一规格的一批零件或部件中，可以不经选择、修配或调整，任取其中一件进行装配，就能满足机械产品使用性能要求的一种特性。

3. 什么是孔和轴的过渡配合？

答：在孔和轴的配合中，可能具有间隙，也可能具有过盈的配合，称为过渡配合。从孔和轴的极限尺寸或极限偏差的关系看，当孔的最大尺寸大于轴的最小尺寸、孔的最小尺寸小于轴的最大尺寸时，就形成过渡配合。

4. 简述形位公差表示的方法？

答：形位公差框格分成两格或多格。它可以水平绘制，也可以垂直绘制。第一格为形位公差项目的符号，第二格为形位公差的数值和有关符号，第三格和以后的格为基准代号的字母和有关符号。

5. 金属材料的机械性能主要有哪些？

答：金属材料的机械性能主要有：

（1）强度是指金属材料抵抗外力变形的能力。

（2）硬度是指金属材料的软硬程度。

（3）塑性指金属材料在受到外力时产生显著变形而不断裂的性能。

（4）韧性是指金属材料抵抗冲击载荷而不破坏的能力。

6. 简述普通碳素结构钢牌号的表示方法和主要用途。

答：普通碳素结构钢的牌号是由代表屈服强度的汉字拼音字母"Q"、屈服强度的数值、质量等级符号和脱氧方法 4 部分组成，如 Q235-A·F。主要是用于工程结构及普通零件，如钢板、型材及铆钉、螺钉、螺母等。

7. 什么是低合金结构钢？它有哪些主要用途？

答：低合金结构钢是在普通碳素结钢的基础上加入少量合金元素制成的，具有较高的屈服强度及良好的塑形和韧性，焊接工艺性能良好，用于制造要求较高的工程结构件，如船舶、车辆、高压容器、管道工程等。

8. 钢材调质能到达什么目的？

答：淬火后进行高温回火称为调质，其目的是调质后的材料具有较好的综合力学性能。

9. 简述回火的种类和主要用途。

答：回火有低温回火、中温回火和高温回火三种：

（1）低温回火后的材料具有高硬度和高耐磨性，主要用于各种刃具、量具。

（2）中温回火后的材料具有较高的弹性极限和屈服强度，主要用于各种弹簧和模具。

（3）高温回火后的材料具有较好的综合力学性能，广泛用于汽车、拖拉机、机床等极限中的重要结构。

10. 简述塑料的分类和用途。

答：塑料可分为热塑性塑料和热固性塑料两大类。

（1）热塑性塑料受热后软化、熔融，冷却后固化，可以反复多次使用，而其化学结构基本不变。主要有有机玻璃、尼龙等。常用于一般机械零件，减摩、耐磨件及传动件等。

（2）热固性塑料可在常温或受热后起化学反应，固化成形，再加热时不能产生可逆变化，如酚醛塑料、氨基塑料等。常用于电气元件的绝缘件、轴承、垫圈等。

11. 什么是放样？

答：放样又称放大样，根据加工图的要求按正投影的原理把零部件以1∶1的比例划到放样地板上，这样的图叫放样图，划放样图的过程叫放样。

12. 什么是展开放样？展开放样的方法分为几种？三角形法的原理及特点是什么？

答：将构件的各个表面依次展开在一个平面上的过程称为展开，划在平面上的展开图形称为展开图。展开放样的方法有平行线法、放射线法和三角形法 3 种。

三角形法的原理是将构件的表面分为一组或多组三角形，然后依次按投影求出三角形边长的实长，再依次划在平面上，既得展开图。三角形法所划分的三角形是根据构件的外形特征而确定，具有比平行线法和射线法适用更为广泛。

13. 冷作钣金工常用的设备有哪些？

答：常用的设备有（1）卷板机：卷板机主要是对板料进行连续三点弯曲的成形设备。在卷板机上可将板料弯成圆柱或圆锥等单曲率制件，也可弯曲半径较大的双曲面制件。如果在卷板机上配置适当的工装，还可以卷弯型钢。（2）板料折弯机：板料折弯机根据折弯的方式不同有折弯和压弯两种形式。板料折弯压机由机架、滑块、工作台和油缸组成，工作时以高压油为动力，利用油缸和活塞使滑块、模具产生运动，从而完成对板料的压弯工作。（3）压力机：按传动方法不同分为机械压力机和液压机两大类，其中机械压力机应用较为广泛，由电动机经齿轮减速后带动偏心轴旋转，通过连杆、滑块将旋转运动变为直线运动，凸模随滑块在床身的导轨上做往复运动，与固定在工作台上的凹模配合，完成冲压工作。

14. 简述交流焊接的特点？

答：交流焊接是一种具有陡降外特性的降压变压器。它具有噪声较小，结构简单，成本低，制造和维护方便等优点，应用很广泛。其所得到的焊接电流是交流电，因而其输出端无正、负极之分，焊接时不会产生磁偏吹，但交流焊机不能用于药皮型为低氢钠型、高纤维素纳型等焊条的焊接。

15. 简述直流焊接的特点。

答：直流弧焊接有旋转式和整流式两种。整流焊机噪声小，空载能耗小，效能高，成本低，制造和维护较为容易，应用广泛，按其调节装置作用原理不同可分为硅整流式弧焊机、晶闸管整流式弧焊机。

16. 润滑油的作用有哪些？

答：润滑油的作用有：

（1）润滑作用，润滑油在摩擦表面形成一层油膜，使两个接触面上的微凸起部分不至于产生撞击，并可减小相互间的摩擦阻力。

（2）冷却作用，润滑剂的连续流动可将机械摩擦产生的热量带走，使零件工作时的温度保持在允许的范围内。

（3）洗涤作用，通过润滑剂的流动，还可将磨损下来的碎屑或其他杂质带走，以减小零件间的摩擦。

（4）防锈作用，通过润滑剂可防止周围环境中的水汽、二氧化硫等有害介质的侵蚀，起到防锈的作用。

（5）密封作用，润滑剂对防止漏气、漏水具有一定的作用。

（6）缓冲和减振作用，润滑剂在摩擦表面之间的薄膜具有缓冲和吸收振动的作用。

17. 钳工基本划线的步骤有哪些？划线时如何进行找正和借料？

答：钳工基本的划线步骤有：

（1）仔细识读图样，了解零件的形状、尺寸及相关的技术要求。

（2）选择合适的划线基准。

（3）采用合适的支撑工具，在平台上支撑工件，并找正。

（4）先划出基准线，再以此为基准确定其他点、线、面的位置。

（5）根据确定的点，线位置，划出中心线、轮廓线等零件的加工界线。

找正的方法：

（1）毛坯上有不加工表面时，应按不加工表面找正后再划线，这样可使加工表面和不加工表面之间保持尺寸均匀。

（2）工件上有两个不加工表面时，应选重要的或较大的不加工表面作为找正依据，并兼顾其他不加工表面，这样可使划线后的加工表面与不加工表面之间的尺寸比较均匀，而使误差集中到次要或不明显的部位。

（3）工件上没有不加工表面时，可通过对各自需要加工的表面自身位置找正后再划线，这样可使各加工表面的加工余量均匀。

借料的方法：当坯料尺寸、形状、位置上的误差和缺陷难以用找正的方法补救时，就需要用借料的方法来解决。借料就是通过试划和调整，使各加工表面的余量相互借用，合理分配，从而保证各加工表面都有足够的加工余量，而使误差和缺陷和加工后去除。

借料划线时，应先测量出毛坯的误差程度，确定借料的方向和大小，然后从基准开始逐一划线。如发现某一加工面的余量不足，应再次借料，重新划线，直至各加工表面都有允许的最小加工余量为止。

18. 锉刀该如何保养？

答：（1）新锉刀要先使用一面，用钝后再使用另一面。

（2）在粗锉时，应充分使用锉刀的有效全长，既可提高锉削效率，又可避免锉齿具被磨损。

（3）锉刀上不可沾油、沾水。

（4）如锉屑嵌入齿缝内，要及时用钢丝刷沿锉齿的纹路进行清除。

（5）不可锉毛坯上的硬皮及经过淬硬的工件。

（6）铸件表面如有硬皮，应先用砂轮磨去或用旧锉刀和锉刀的有侧齿边锉去，再进行正常的锉削加工。

（7）锉刀使用完毕后必须清刷干净，以免生锈。

（8）无论在使用过程中或放入工具箱时，都不可将锉刀与其他工具或工件放在一起，也不可与其他锉刀相互重叠堆放，以免损坏锉齿。

19. 简述錾削时的注意事项。

答：（1）錾子的刃口角度要根据錾削的材料刃磨好，要保持适度的锋利，过钝錾削表面质量差。

（2）錾削部分有明显的毛刺要及时打磨掉，以免铁屑脆裂飞出伤人，操作者要戴上防护眼镜。

（3）手锤木柄的安装部位要多检查，发现有松动要及时更换或重新安装，以防锤头飞出。

（4）錾削部分、手锤头部及手柄都不能沾油，以防打滑。

（5）工件要夹持要符合安全要求，要稳固，一般工件伸出钳口高度为 10~15mm，且工件下要加垫块。

（6）錾削时要做到稳、准、狠，动作要协调一致，不得疲劳操作。

20. 简述薄板的锯割方法。

答：锯割薄板弹力较大，易颤动，不方便锯割，应尽量从宽面上锯下去，如果只能从板料窄面上锯割，可用两块木板夹持住，连木板一起锯下，以免因弹力卡住锯齿，也避免板料变形。也可将薄板直接夹在台虎钳上，用锯弓进行横向斜推锯，使锯齿与薄板接触的齿数增多，避免锯齿断裂。

21. 简述在钻床上钻孔的基本方法。

答：（1）零件的装夹。钻孔时应根据零件的外形特征，选用台虎钳、压板、V 形架、角铁和 C 形夹头及专用夹具装夹，同时要校正零件与主轴中心的相对位置，要保证各接触面间的清洁，不允许用钻头撞击零件。

（2）切削用量的选用。钻孔时，由于切削深度已由钻头直径确定，只需要选择切削速度和进给量。切削用量的选择是：在运行的范围内，尽量选择较大的进给量，当进给量受到零件表面粗糙度要求和钻头刚度限制时，再考虑选用较大的切削速度。

（3）钻孔切削液的选用。切削液在钻削过程中起到冷却和润滑钻头、零件的作用，可提高钻头的使用寿命和零件的加工质量。钻削碳钢、合金结构钢时一般都要注入 15%~20% 的乳化液、硫化乳化液；钻削铸铁和黄铜一般不用切削液，有时可用煤油进行润滑冷却。

（4）划线钻孔时，先将零件的加工线划好，然后边装夹、找正，边钻孔；在圆柱面上钻孔时，先用百分表找正钻床主轴中心与V形架中心，重合后用V形架装夹好，再开始钻孔。

22. 简述手工绞孔的方法。

答：（1）正确选用绞刀。绞孔时，在选用直径规格符合绞孔要求的同时，要在绞刀精度 h7、h8、h9 三个级别进行选择，注意要对绞刀进行研磨，以提高精度。

（2）绞削余量选用。绞削余量一般根据孔径尺寸和钻孔、扩孔、绞孔等工序安排而定。

（3）绞孔的切削用量。要选用合适的切削速度和进给量。

（4）切削液的选用。绞孔时，要根据零件材质选用切削液进行润滑和冷却。比如钢可用 10% ~ 15% 乳化液或硫化乳化液，铸铁一般不采用。

（5）绞削操作要点：手工绞削时要将零件夹持端正，对薄壁件的夹紧力不要太大，防止变形；两手旋转绞杠用力和速度要均匀。

23. 攻螺纹时的底孔直径如何确定？

答：底孔直径根据螺纹的大径、螺距和材料的不同，按以下经验公式确定钢和塑性材料：$D = d - P$

铸铁和脆性材料：$D = d - (1.05 \sim 1.1)P$

式中　D——底孔直径，mm；

　　　d——螺纹大径，mm；

　　　P——螺距，mm。

24. 简述套螺纹的步骤。

答：套螺纹的操作步骤：

（1）套螺纹前应将圆杆加工出倒锥角，使圆板牙容易切入材料。

（2）套螺纹时切削力矩较大，圆杆要用V形钳口或厚钢板作为衬垫牢固地夹持。

（3）起套时，要使圆板牙的端面与圆杆轴线垂直，并在转动圆板牙时施加轴向力，使圆板牙切入圆杆 2 ~ 3 圈。

（4）起套完成后，不需加压，只要转动圆板牙进行套螺纹，以免损坏螺纹和圆板牙，圆板牙转动 1 ~ 3 圈后，要反转 1/4 ~ 1/2 圈，以便断屑，防止过长的切屑影响套螺纹质量及圆板牙的使用寿命。

（5）用钢件等塑性材料上套螺纹要加注切削液，以减小所加工螺纹的表面粗糙度值并延长圆板牙的使用寿命。

25. 简述低压断路器的优点。

答：低压断路器也称自动空气开关，它集控和多种保护功能于一体，具有操作安全、安装、使用方便，工作可靠，动作值可调，分断能力较强，兼顾多种保护，动作后不需要更换元件等优点。

26. 简述热继电器的作用。

答：热继电器主要用于电动机的过载保护、断相保护、电流不平衡运行的保护及其他电气设备发热状态的控制，但热继电器具有热惯性和机械惰性，不能用做短路保护。

27. 三相异步电动机有哪几部分组成？

答：三相异步电动机由定子、转子及支撑构件三大部分组成。

（1）定子由定子铁心和定子绕组等组成，用于产生旋转磁场。

（2）转子是电动机的转动部分，由转子铁心、转子绕组和转轴 3 部分组成，转子在旋转磁场的作用下旋转，产生转矩带动机械设备运行。

（3）支撑构件由基座、端盖等组成，它组成定子、转子等，是电动机成为一个整体。

28. 简述接触器连锁的正反转控制线路的特点。

答：接触器连锁的正反转控制线路的优点是工作安全、可靠，缺点是操作不太方便。

29. 电对人体的伤害有哪几种？

答：电对人体的伤害有电击和电伤两种：

（1）电击是指电流对人体内部的伤害，由于它是电流过人体而引起的，因而对人体的伤害很大，是最危险的触电事故。

（2）电伤是指人体外部受伤，如电弧灼伤、与带电体接触的皮肤红肿以及在大电流下融化而飞溅出的金属对皮肤的烧伤。

30. 电流对人体的影响因素有哪些？

答：电流对人体的影响因素有：

（1）通过人体电流的大小；

（2）电流流经人体时间的长短；

（3）电流通过人体的途径；

（4）通过人体电流的种类；

（5）触电者的身体状况。

31. 常用安全用电措施有哪些？

答：（1）火线必须接入开关。

（2）合理选择照明电压。

（3）合理选择导线和熔丝。

（4）电气设备要有一定的绝缘电阻。

（5）电气设备的安装要正确。

（6）采用各种保护用具。

（7）正确使用移动工具。

（8）电气设备的保护接地和保护接零。

32. 安全文明生产的要求有哪些？

答：（1）严格执行规章制度，遵守劳动纪律。

（2）严肃工艺纪律，贯彻操作规程。

（3）优化工作环境，创造良好的生产条件。

（4）做好设备的维修和保养。

（5）严格遵守生产纪律。

33. 安全生产的一般常识有哪些？

答：（1）工作前必须按规定穿戴好劳动用品，如工作服、工作鞋、手套等，防止压伤、划伤、烫伤等伤害事故发生。在进行电弧焊、等离子焊或切割等操作时，工作服应使白色的，它能有效防止弧光辐射。

（2）电工、电焊工、行车工等特殊工种必须持有相应的特殊工种操作证才能上岗。

（3）不准擅自使用不熟悉的机床和工具。

（4）清除切削时要使用工具，不得直接用手拉、擦。

（5）毛坯、半成品应按规定对方整齐，通道上不准堆放任何物品，并应随时清除油污、积水等。

（6）工具、夹具、器具应放在专门的地点，严禁乱堆、乱放。

34. 安全使用氧气、乙炔时的注意事项有哪些？

答：（1）氧气瓶距离乙炔瓶、乙炔发生器、明火或热源应大于5m，气瓶应直立使用，并有防止倾倒的措施。

（2）氧乙炔瓶中的气体不能用尽，必须留有不小于98～196kPa 表压的余气，气瓶应避免暴晒和雨淋。

（3）工作场地应有良好的通风措施，氧气、乙炔使用完毕后，应关闭所有阀门，并放尽皮管内的余气。

（4）减压器及气瓶严禁沾油污，要用肥皂水检查连接处是否泄漏，严禁用明火。

（5）严禁用氧气管代替压缩空气进行吹尘、通风、降温或压力试验等操作。

（6）乙炔瓶与明火、火花点、高压线等直线距离不得小于10m，使用前应检查其泄压装置、安全阀、安全膜、密封圈等是否完好。

35. 环境与环境保护是指什么？

答：环境是指影响人类生存和发展的各种天然的和经过人工改造的自然因素的总体，包括大气、水、海洋、土地、矿藏、森林、草原、野生生物、自然遗迹、文物遗迹、自然保护区、风景保护区、城市和乡村。

环境保护法是指运用环境科学的理论和方法，在更好地利用自然资源的同时，深入认识污染和破坏环境的根源及危害，有计划地保护环境，预防环境质量恶化，控制环境污染，促进人类与环境协调发展，提高人类生活质量，保护人类健康，造福子孙后代。

36. 《环境保护法》的任务和作用是什么?

答：我国环境保护法的基本任务是：保护和改善环境，防止污染和其他公害，合理利用自然资源，维护生态平衡，保障人们健康，促进社会主义现代化的发展。

环境保护法为环境保护工作提供了法律保障，为全体公民和企事业单位维护自己的环境权益提供了法律武器，为国家执行环境监督管理职能提供了法律依据，是维护我国环境权益的重要工具，它促进了我国公民提高环境法治的观念。

37. 装配图上一般包括哪些尺寸?

答：装配图上包括以下尺寸：

（1）规格尺寸。是表示该机械或部件的规格或性能的尺寸，可在选择机械或部件时使用。

（2）装配尺寸。是表示相互之间装配关系的尺寸。供机械或部件装配和检验时使用，包括在装配机械或部件时必须保证的相对位置尺寸和表示配合零件之间配合关系的配合尺寸。

（3）安装尺寸。指部件安装在机器上或机器安装在基础上的尺寸。

（4）外形尺寸。是反映机器或部件外形轮廓大小的尺寸。

（5）其他重要尺寸。除以上尺寸外的重要尺寸，如运动零件的极限位置尺寸等。

38. 一般工件放样的步骤有哪些?

答：（1）读图。读图就是对所要制作的零部件进行全面熟悉了解，弄清零部件形状、尺寸、技术要求及标题栏中的材料种类等。

（2）放样准备。一是要准备好放样划线的工量具，包括卷尺、钢尺、地规、粉线、样冲、手锤等；二是要注意放样场地的准备，以及采取的划线方法。

（3）选择放样基准。基准的选择要综合考虑图样形状、设计基准和所要保证的重要尺寸，从长、宽、高三个方向的尺寸进行选择，一般可选择中心对称轴线、两个相互垂直的面或线，也可以底边和中心线为基准。

39. 薄板中部凸起变形的矫正应注意什么？

答：这类变形是钢板中部松、四周紧。矫正时应锤击紧的部位，使之扩展，以抵消紧区的收缩量，操作时应注意以下两点：

（1）锤击时，从凸起处的边缘向外扩展锤击，锤击点的密度越向外越密，使钢板的四周获得充分延展。

（2）不能直接锤击凸起处，由于钢板薄，在锤击凸起部分不仅变形更大，钢板也容易产生裂纹。

40. 气割前应如何检查割炬是否正常？

答：气割前必须检查割炬是否正常，其方法是：旋开割炬氧气调节阀，使氧气流过混合气室喷嘴，再将手指放在割炬的乙炔进气管口上，如果手指感到有吸力，证明割炬正常；若无吸力或推力，则证明割炬不正常，需要进行修理。

41. 简述手工装沙弯管的操作步骤。

答：手工装沙弯管的操作步骤：

（1）选沙。选择粒度为 1～2mm 之间的沙粒，进行水洗、干燥，去除沙中的杂质和水分；

（2）装沙。将沙装入管内，装时敲打管壁，装满后用木塞或其他方法封严，注意留通气孔；

（3）划线。在管上划出加热和弯曲位置；

（4）加热。可用焦炭炉或氧气、乙炔火焰进行加热，加热时应做到缓慢、均匀，使管子内沙中达到同样的温度；

（5）弯曲。将管子放在平台模具上进行弯曲，注意用样板检测弯曲尺寸；

（6）清理。管子弯曲后，待冷却后取下倒出管内沙子，可用压缩空气将管内沙子吹净。

42. 简述装配的三要素。

答：装配过程的三个基本要素有三个：支撑、定位和夹紧。

（1）支撑。选用某一基准面来支持所装配的金属结构件的安装表面称为支撑。

（2）定位。将被装配的零部件正确地固定在所装配的位置上称为定位。

（3）夹紧。零件位置在正确地支撑、夹紧后，使用夹压等方法，让工件在外力的作用下不能移动或转动称为夹紧。

43. 结构件采用何种方法进行装配，一般要考虑哪些方面的因素？

答：用何种方法进行装配，一般要从以下几个方面考虑：

（1）有利于达到装配要求，保证产品的质量。

（2）应使构件在装配中较容易地获得稳定的支撑。

（3）应有利于构件上各零件的定位、夹紧和测量等。

（4）应利于装配过程中的焊接和其他连接。

（5）应考虑场地大小环境、起重机械的使用等条件。

44. 简述钢结构件焊接时产生内应力的原因。

答：结构件焊接时的加热是通过高温电弧产生的，由此造成的焊缝及附近极小部分的温度很高，与周边金属温差很大。受热部分膨胀就与未膨胀部分产生压缩变形，焊件冷却后，焊缝受热部分又因收缩而变短，这样焊件内部就产生内应力，以致焊件变形。

45. 金属结构件在进行质量检测中为何要遵守其工艺规程？

答：在金属结构件制作过程中，其形状、位置和尺寸公差的检测是一道重要工序，其准确程度不仅会影响组装和总装的正常进行，还可能因连接等问题影响到产品的经济性、安全性和使用寿命。因此，在钢结构制作过程中必须要遵守工艺规程，并对各道工序进行严格的质量检测。

1.4 计算题

1. 在厚度为 2 mm 的 Q235 钢板上冲一直径 300 mm 的圆孔,试计算需要多大冲裁力(Q235 钢板的抗剪强度为 360MPa)。

解:$\because F = kLt\tau$

其中圆孔周长 $L = \pi D = 3.14 \times 300 = 942mm$

$\therefore F = 1.3 \times 942 \times 2 \times 360 \approx 881.7kN$

答:需要的冲裁力为 881.7kN。

2. 如第 2 题图,用角钢∠50×50×5 制作边框,已知 tg20° = 0.364,且长直角边为 1500mm;用角钢∠50×50×5 制作边框,求:20°直角三角形角钢的用料?

解:设长直角边为 a,短直角边为 b,斜边为 c,角钢内弯料长 $L = a + b + c - 7d$,

由 $tg20° = \dfrac{b}{a}$ $b = atg20°$

$a = 0.364 \times 1500 = 546mm$

$C = \sqrt{1500^2 + 546^2} \approx 1596.28mm$

用料长 $L = 1500 + 546 + 1596.28 - 7 \times 5 = 3607.28mm$

答:角钢用料为 3607.28mm。

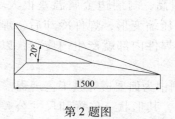

第 2 题图

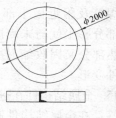

第 3 题图

3. 如第 3 题图,已知用 [20×10 做一个直径 2000mm 的内弯槽钢圈,求槽钢用料。($Z_0 = 20.1mm$)

解:槽钢内弯 $L = \pi(D - 2Z_0) = 3.14(2000 - 2 \times 20.1) = 6153.77mm$

答：槽钢用料 6153.77mm。

4. 如第 4 题图，已知一扇形钢板，板厚为 8mm，求其重量。$\left(S=\dfrac{n\pi r^2}{180}\text{；密度为 }7.85\text{g/cm}^3\right)$

解：$G=7.85St$，其中 $S=\dfrac{n\pi\ (R^2-r^2)}{180}$

$$=\dfrac{120\times3.14\times\ (500^2-150^2)}{180}$$

$$\approx0.476\text{m}^2$$

$G=7.85\times0.476\times8=29.89\text{kg}$

答：扇形板重量 29.89kg。

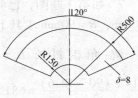

第 4 题图

5. 如第 5 题图，制作一卷板管，其管外径为 200mm；管长 300mm；板厚为 12mm；求其重量。（钢板密度为 7.85g/cm³）

解：板管重量 $G=7.85St$，其中 $S=\pi Dh=3.14\times(2000-12)$ $\times300\approx0.177\text{m}^2$

$G=7.85\times0.177\times12=16.68\text{kg}$

答：板管重量为 16.68kg。

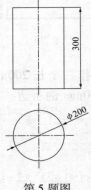

第 5 题图

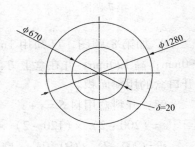

第 6 题图

6. 如第 6 题图，已知圆环外径 1280mm，内径为 670mm，板厚为 20mm，求其重量。

（钢板密度为 $7.85\mathrm{g/cm^3}$）

解：圆环重量 $G = 7.85St$，其中圆环面积 $S = \pi (640^2 - 335^2) \approx 0.935\mathrm{m}^2$

$G = 7.85 \times 0.935 \times 20 = 146.795\mathrm{kg}$

答：圆环重量 $146.795\mathrm{kg}$。

7. 如第 7 题图，已知角钢 $\angle 45 \times 45 \times 4$；$l_1 = 300\mathrm{mm}$；$l_2 = 260\mathrm{mm}$；$R = 90\mathrm{mm}$ 求其下料长度。（$z_0 = 12.6\mathrm{mm}$）

解：角钢料长 $L = l_1 + l_2 + \dfrac{\pi(R - Z_0)}{2} = 300 + 260 + \dfrac{3.14 \times (90 - 12.6)}{2} = 681.5\mathrm{mm}$

答：角钢料长 $681.5\mathrm{mm}$

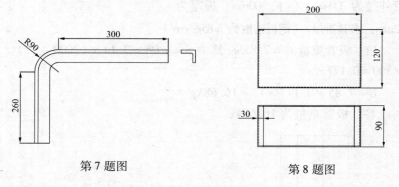

第 7 题图

第 8 题图

8. 如第 8 题图，已知用 1mm 钢板制作一个长 200mm；宽 90mm；高 120mm；并在盒上方两边各有 30mm 的折边。求制作开口盒的用料面积。

解：开料盒用料 $S = s + s'$

$s = (200 - 2) \times (120 - 2) \times 2 \approx 0.0467\mathrm{m}^2$

$s' = (200 - 2) \times (90 - 2) + (120 + 30 - 3) \times (90 - 2) \times 2 = 0.043\mathrm{m}^2$

$S = 0.0467 + 0.043 \approx 0.09\mathrm{m}^2$

答：制作开口盒的用料面积为 $0.09\mathrm{m}^2$。

9. 如第 9 题图尺寸，求钢板的展开长度。

40

解：板料展开长度 $L = 300 + 200 + \dfrac{30 \times \pi \times (60 - 7.5)}{180} = 527.475\text{mm}$

答：钢板的展开长度为 527.475mm。

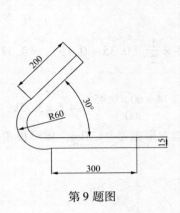

第 9 题图

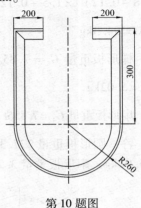

第 10 题图

10. 如第 10 题图尺寸所示，且角钢∠45×45×4；求角钢下料的长度。（$z_0 = 12.6\text{mm}$）

解：$L = (200 - 4) \times 2 + (300 - 4) \times 2 + (260 - 12.6) \times \pi$
$= 1773.23\text{mm}$。

答：角钢下料长度为 1773.23mm。

11. 已知，尺寸如第 11 题图所示，求工件牛腿的质量。钢材密度为 7.85g/cm³

解：牛腿重量 $G = 7.85St$

其 中 $S = 0.8 \times 0.6 + 0.6 \times 0.5 +$
$\dfrac{(0.8 + 0.5) \times (0.96 - 0.008 \times 2)}{2} \approx 1.39\text{m}^2$

$G = 7.85 \times 1.39 \times 8 = 87.5\text{kg}$

答：牛腿重量 87.5kg。

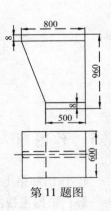

第 11 题图

12. 已知如第 12 题图所示，分别计算出下列四个形状的钢板重量。钢材密度 7.85g/cm³

解：圆形板重量 $G_1 = 7.85St = 7.85 \times 0.75^2 \times 3.14 \times 20 = 277.3\text{kg}$

41

半圆方形重量 $G_2 = 7.85St = 7.85 \times [\dfrac{1}{2} \times 3.14 \times 0.75^2 +$

$(0.8 - 0.12) \times 1.5 + 0.12 \times (1.5 - 0.12 \times 2) + \dfrac{3.14 \times 0.12^2}{2}]$

$\times 10 = 94.3kg$

梯形板重量 $G_3 = 7.85St = 7.85 \times \dfrac{1}{2} (0.35 + 0.15) \times 0.32$

$\times 8 = 5.02kg$

扇形板重量 $G_4 = 7.85St = 7.85 \times \dfrac{3.14 \times 60 \times 0.45^2}{360} \times 4.5 = 3.75kg$

答：圆形板重量 277.3kg，半圆方形重量 94.3kg，梯形板重量 5.02kg，扇形板重量 3.75kg。

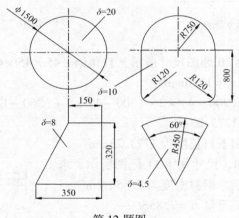

第 12 题图

1.5 作图题

1. 作出如第 1 题图所示两节直角弯头的展开图。

解：根据主视图确定 1、2、3…各点的垂直高度，并根据断面图确定圆管的展开周长和 1-2、2-3、…各分段弧长。通过分段弧长做平行线，对应取其高度点，连接各高度点成曲线和线段，即成展开图。

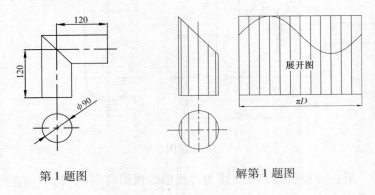

第 1 题图   解第 1 题图

2. 作出如图所示正方大小头的展开图。

解：根据主视图和俯视图投影线的投影长与对应投影线的投影高度求出 1 号线、2 号线和 *AE*、*BF*、*CG*、*DH* 的实长。

展开图法：取 *AD* 等于 90mm，并取实长 1 号线，先画出 *ADH* 三角形展开图；由 *HE* 和 *AE* 实长线作出 *ADHE* 实形，依次确定画出 *DCGH*、*AEFB*、*CGMN*、*BFMN*，即为展开图。

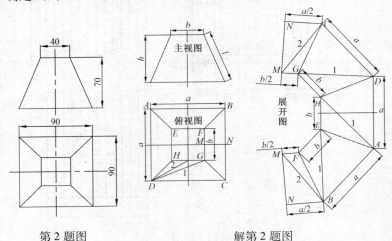

第 2 题图   解第 2 题图

3. 作出如图所示等径正三通的展开图。

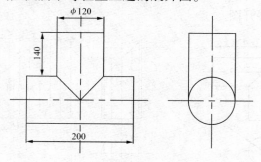

第 3 题图

解：等径三通，相贯线为直线根据视图确定 1、2、3…各点的垂直高度，并根据断面图确定圆管的展开周长和 1-2、2-3、…各分段弧长。通过分段弧长做平行线，对应取其高度点，作出Ⅰ号件展开图；Ⅱ号件的展开图先根据主管的视图画出矩形，并由视图取得 1、2、3、…6、7 各点在主管上的位置，连接各点得出孔的形状。

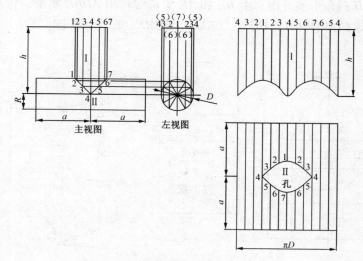

解第 3 题图

4. 作出如图所示四节圆管弯头的展开图。

解：用已知尺寸画出主视图的外框线。由于两端节是中间节的一半，因此将端节通过断面图画出周长的长度线，并将周长分为 12 等份，其等份点为 1、2、3…6、7、6…3、2、1。用各等份点作垂直周长线的平行线，根据主视图角度线取各点的高度，连接曲线和线段

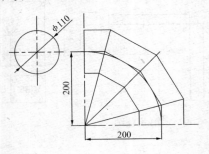

第 4 题图

得出端节的展开图。将端节展开图以周长线为中心线对称画出另一半端节，即得中间节展开图。

实际工作中，等径的多节弯头都是端节等于中间的一半，固可以按中心线叠加为多节展开的总高度、周长线为长度，完成等径多节弯头整体组合展开图。一般为防止变形和保证焊缝的规范性，接缝在 4 号线如图所示。

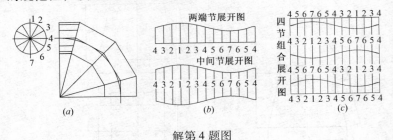

解第 4 题图

5. 如图所示，展开矩形管两节 90° 弯头。其中 $a = 20mm$；$b = 30mm$；$c = 400mm$；求展开图。

解：在主视图 EK 延长线上截取 AA 等于断面图周围伸直长度，并照录各棱点引上垂线，与主视图接合线点 F、I、J 向右引与 EK 平行线对应交点连成线段，即得出所求的展开图。

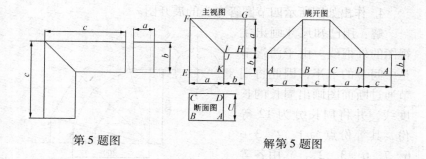

第 5 题图   解第 5 题图

6. 作出如图所示上下口扭转的矩形管的展开图。$a = 80mm$；$b = 40mm$；$h = 60mm$；

解：

从图中可以看出四块侧板是相同的，侧板展开图是个梯形，上口和底口为已知尺寸 a 和 b，其高为立面图斜边长 c。用这一个侧板展开图作为样板，顺次画三块，左右画出侧板的 1/2，得出矩形，即为整体的展开图。

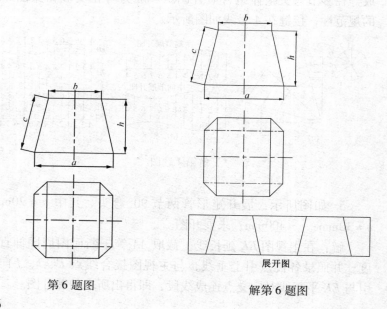

第 6 题图   解第 6 题图

1.6 实际操作题

1. 如图，制作弯头。$A = 150\text{mm}$；$\phi = 160\text{mm}$，$\delta = 1\text{mm}$；点焊连接。时间：180min。

考点：放样准确性（$\pm 0.5\text{mm}$）；下料准确性（$\pm 0.5\text{mm}$）；椭圆度（$\pm 1\text{mm}$）；对接口的缝隙（$\pm 1\text{mm}$）；外形尺寸（$\pm 1\text{mm}$）；表面质量(锤痕)等。

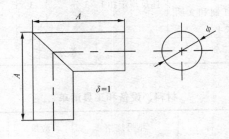

第1题图

考核项目及评分标准   表1

项目	考核项目	评分标准	配分	检测结果	实得分
1	圆直径 160 ±1	超差即扣 20 分	20		
2	圆椭圆度 ≤1	每超差 0.5mm 扣 3 分；超差 1.5mm 扣 10 分	10		
3	对缝间隙 ±1.5	超差即扣 20 分	20		
4	高度 150 ±1.5	每超差 1mm 扣 3 分；超差 1mm 扣 10 分	10		
5	高度 150 ±1.5	每超差 0.5mm 扣 3 分；超差 1.5mm 扣 10 分	10		
6	圆平面度 ≤4	每超差 0.5mm 扣 2 分；超差 1.5mm 扣 5 分	20		

项目	考核项目	评分标准	配分	检测结果	实得分
7	纵缝:平整无错边无凹凸棱角	错边 0.5mm 内扣 2 分;1mm 内扣 4 分	4		
8	表面无明显损伤	损伤或凹凸一处扣 1 分累计扣分	3		
9	(1)正确执行安全操作规程;(2)做到岗位责任制和文明生产的要求	违反规定扣 1~3 分	3		
记载	监考人		总分		

材料、设备和工具清单 表 2

序号	名　　　称	型号规格	数量	单位	备注
1	冷轧板	$\delta = 1mm$	0.2	m^2	
2	直流焊机		1 台/考场		
3	焊工工具		1 套/考场		
4	手锤	1.5P 或 2P	1	把	
5	划规	$L = 300mm$	1	把	
6	划针		1	把	
7	钢板尺	$L = 300mm$,$L = 600mm$	各 1 把		
8	钢卷尺	2.5m	1	把	
9	钳台	带老虎钳或平口钳	1	个	
10	薄钢板剪刀或电动剪		1	把	
11	样冲		1	个	
12	木榔头		1	把	

48

2. 已知圆锥 30°斜切，圆锥上口 $r = 60\text{mm}$；下口 $R = 80\text{mm}$；高 $h = 100\text{mm}$；接口在 4 点。板厚 1mm。

考点：放样准确性（±0.5mm）；下料准确性（±0.5mm）；椭圆度（±1mm）；对接口的缝隙（±1mm）；外形尺寸（±1mm）；表面质量（锤痕）等。

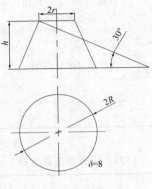

第 2 题图

考核项目及评分标准

表 1

项目	考核项目	评分标准	配分	检测结果	实得分
1	上口直径 $\phi 120 \pm 1$	超差即扣 20 分	20		
2	上口椭圆度 ≤1	每超差 0.5mm 扣 3 分；超差 1.5mm 扣 10 分	10		
3	下口 $\phi 160 \pm 1.5$	超差即扣 20 分	20		
4	下圆椭圆度 ≤1	每超差 1mm 扣 3 分；超差 1mm 扣 10 分	10		
5	高度 100 ± 1.5	每超差 0.5mm 扣 3 分；超差 1.5mm 扣 10 分	10		
6	上口平面度 ≤3	每超差 0.5mm 扣 2 分；超差 1mm 扣 5 分	10		
7	下口平面度 ≤4	每超差 0.5mm 扣 2 分；超差 1.5mm 扣 5 分	10		

项目	考核项目	评分标准	配分	检测结果	实得分
8	纵缝:平整无错边无凹凸棱角	错边0.5mm内扣2分;1mm内扣4分	4		
9	表面无明显损伤	损伤或凹凸一处扣1分,累计扣分	3		
10	(1)正确执行安全操作规程;(2)做到岗位责任制和文明生产的要求	违反规定扣1~3分	3		
记载	监考人		总分		

材料、设备和工具清单　　　　表2

序号	名　称	型号规格	数量	单位	备注
1	冷轧板	$\delta=1mm$	0.2	m²	
2	直流焊机		1台/考场		
3	焊工工具		1套/考场		
4	手锤	1.5P或2P	1	把	
5	划规	$L=300mm$	1	把	
6	划针		1	把	
7	钢板尺	$L=300mm$,$L=600mm$	各1把		
8	钢卷尺	2.5m	1	把	
9	钳台	带老虎钳或平口钳	1	个	
10	铁皮剪刀或电动剪		1	把	
11	样冲		1	个	
12	木榔头		1	把	

3. 已知正天圆地方圆 $\phi = 120$mm；$a = 200$mm；$h = 180$mm；板厚1mm。

考点：放样准确性（±0.5mm）；下料准确性（±0.5mm）；椭圆度（±1mm）；对角线（±1mm）；外形尺寸（±1mm）；表面质量（锤痕）等。

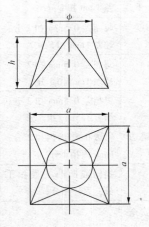

第3题图

考核项目及评分标准　　　　　　　　　　表1

项目	考核项目	评分标准	配分	检测结果	实得分
1	上口直径 φ120±1	超差即扣20分	20		
2	顶圆椭圆度≤1	每超差0.5mm扣3分；超差1.5mm扣10分	10		
3	方200×200±1.5	超差即扣20分	20		
4	高度180±1.5	每超差1mm扣3分；超差1mm扣10分	10		
5	对角线±1	每超差0.5mm扣3分；超差1.5mm扣10分	10		

项目	考核项目	评分标准	配分	检测结果	实得分
6	圆的圆弧均匀度≤1.5	用样板测量300弧长，间隙每超差0.5mm1处扣3分；扣完为止，超差1mm扣5分	5		
7	两侧三角形平面度≤2	每超差0.5mm扣2分；超差1mm扣5分	5		
8	圆平面度≤3	每超差0.5mm扣2分；超差1mm扣5分	5		
9	方的平面度≤4	每超差0.5mm扣2分；超差1.5mm扣5分	5		
10	纵缝：平整无错边无凹凸棱角	错边0.5mm内扣2分；1mm内扣4分	4		
11	表面无明显损伤	损伤或凹凸一处扣1分，累计扣分	3		
12	（1）正确执行安全操作规程；（2）做到岗位责任制和文明生产的要求	违反规定扣1~3分	3		
记载	监考人		总分		

材料、设备和工具清单　　　　　　　　　　　　　表2

序号	名　称	型号规格	数量	单位	备注
1	冷轧板	$\delta = 1mm$	0.3	m²	
2	直流焊机		1台/考场		
3	焊工工具		1套/考场		
4	手锤	1.5P 或 2P	1	把	
5	划规	$L = 300mm$	1	把	

序号	名　　称	型号规格	数量	单位	
6	划针		1	把	
7	钢板尺	$L=300\text{mm}$, $L=600\text{mm}$	各1把		
8	钢卷尺	2.5m	1	把	
9	钳台	带老虎钳或平口钳	1	个	
10	薄钢板剪刀或电动剪		1	把	
11	样冲		1	个	
12	木榔头		1	把	

第二部分　中级铆工

2.1　选择题

1. 两个相交几何体相交部位的结合线称为（B）。
   A. 相交线　B. 相贯线　C. 平行线　D. 曲线
2. 圆柱体和圆锥体的表面可以看成是由无数条（D）组成的。
   A. 直线　B. 曲线　C. 平行线　D. 素线
3. 在空间形体中都有长、宽、高三个方向的尺寸，在标注这些尺寸时，它的起点叫做（C）。
   A. 基准点　B. 划线基准　C. 尺寸基准　D. 基准线
4. 断面为弧形结构件，其展开长度是以（A）为基准。
   A. 中性层　B. 内侧　C. 中心层　D. 外侧
5. 在金属构件的制作过程当中，用得最多的连接方式是（B）。
   A. 铆接　B. 焊接　C. 螺栓连接　D. 胀接
6. 能够正确表达物体的真实形状和大小的投影称为（A）投影。
   A. 正　B. 水平　C. 中心　D. 平行
7. （C）变形是针对厚钢板的矫正而言的。
   A. 拉伸　B. 弹性　C. 压缩　D. 伸缩
8. 备料包括原材料的（B）验收、矫正、拼接等。
   A. 放样　B. 试验　C. 下料　D. 连接
9. 用扁錾进行平面切削时，每次的錾削量约为（C）mm。
   A. 0.1 ~ 1.0　B. 0.1 ~ 1.5　C. 0.5 ~ 2　D. 0.3 ~ 1.5
10. 在进行薄钢板的气割作业时，割嘴倾斜后与割件的距离为（D）mm。

A. 3～5　B. 5～8　C. 10～12　D. 10～15

11. 在确定没有标注尺寸的零件尺寸时，一般是通过计算和（C）等手段来获得。

　A. 实际测量　B. 估算　C. 实际尺寸放样　D. 标注尺寸

12. 根据尺寸在投影图中的作用不同可分为定型尺寸、（C）和总体尺寸3类。

　A. 尺寸基准　B. 标准尺寸　C. 定位尺寸　D. 位置尺寸

13. 火焰矫正的温度一般控制在（A）℃范围内进行。

　A. 500～850　B. 750～1000　C. 1000～1200　D. 700～1000

14. 合理排料是指在（A）、号料时，合理安排零件在原材料上的位置，以提高材料的利用率。

　A. 放样　B. 划线　C. 展开　D. 加工

15. 在金属切削加工过程当中，正在进行切削加工的表面叫做（D）。

　A. 加工表面　B. 待加工表面　C. 已加工表面　D. 过渡表面

16. 金属材料的可焊性由物理、化学可焊性和（D）可焊性决定。

　A. 成分　B. 材质　C. 焊条　D. 工艺

17. 合理的合模高度是让冲模在完成冲裁后凸模进入凹模（B）mm，进入过多，凸模和凹模磨损加大，影响模具的使用寿命。

　A. 0.5～1　B. 1～3　C. 1～2　D. 2～3

18. 在施工现场进行气割作业时，氧气瓶和乙炔瓶之间的安全距离是不小于（B）m。

　A. 3　B. 5　C. 7　D. 10

19. 铆接质量的检查方法一般用目测，小锤敲打，样板和（C）等。

　A. 样杆　B. 模具　C. 粉线　D. 测量

20. 铆接的强度一般是与铆钉的直径和（B）成正比。

　A. 材料　B. 数量　C. 长度　D. 大小

21. 胀接时利用管子和（D）的变形来达到固定和密封的连接

方法。

    A. 管子   B. 钢板   C. 套管   D. 管板

22. 下列项目中不属于形状公差的项目是（D）。

    A. 平面度   B. 对称度   C. 直线度   D. 线轮廓度

23. 图样中的符号"∥"表示（A）。

    A. 平行度   B. 斜度   C. 平面度   D. 角度

24. 金属材料的变形是外力和（C）的作用下引起的尺寸和外形变化。

    A. 压力   B. 焊接   C. 内应力   D. 气割

25. 主视图、俯视图和（C）称为三视图。

    A. 右视图   B. 详图   C. 左视图   D. 局部放大图

26. 由于图样尺寸标注的（B），一般图样上只标注主要尺寸，只有在进行实际放样后才能确定零件的尺寸。

    A. 复杂性   B. 不确定性   C. 差异性   D. 不完全性

27. 在曲面上找点求相贯线时常用的方法有（A），辅助平面法和辅助球面法。

    A. 素线法   B. 三角线法   C. 平行线法   D. 旋转法

28. 在进行尺寸标注时，尺寸应尽量标注在表达形体特征最明显的（C）上。

    A. 实线   B. 虚线   C. 视图   D. 尺寸线

29. 矫正就是消除材料或制作时产生的弯曲、翘曲、（C）等缺陷。

    A. 不平   B. 扭曲   C. 凹凸不平   D. 波浪形

30. 矫正窄钢板的扭曲变形时，一般采用扳扭法或（C）法。

    A. 手工矫正   B. 火焰矫正   C. 锤击   D. 机械矫正

31. 火焰矫正时，温度在 300～500℃ 时材料容易产生（B）现象。

    A. 起皱   B. 脆裂   C. 弯曲   D. 硬化

32. 型材的变形程度取决于（B）的大小。

    A. 夹角   B. 应力   C. 弯曲半径   D. 外力

33. 钢结构件局部受热和冷却，高温区域的金属热胀冷缩受到周围（A）的阻碍。

   A. 冷金属　B. 冷空气　C. 气温　D. 介质

34. 常用的低碳钢型材在热弯时，加热温度一般为（C）℃。

   A. 750～1200　B. 850～1000　C. 850～1050　D. 800～1200

35. 角钢弯曲时，随着角钢尺寸的增大，弯曲时其弯矩（A）。

   A. 增大　B. 减小　C. 不变　D. 不确定

36. 常用的弯管方法有：压（顶）弯，滚弯，挤弯和（C）等。

   A. 手工弯曲　B. 机械弯曲　C. 回弯　D. 水火弯管

37. 焊接时，连续焊缝的纵向伸缩量为（D）mm/m。

   A. 0.2～0.5　B. 1～1.5　C. 0.2～1　D. 0.2～0.4

38. 常见的弯管缺陷有鼓包，压扁，皱折，椭圆和（A）等。

   A. 弯裂　B. 过弯　C. 束腰　D. 扭斜

39. （B）是利用放边和收边的方法对板料的边缘进行弯曲加工。

   A. 手工弯曲　B. 拔梢　C. 加热　D. 拱曲

40. 板料在弯曲时，外侧受拉增长，内侧受压收缩，中心层则（A）。

   A. 不变　B. 收缩　C. 增长　D. 不知道

41. 管子在冷弯时，弯管半径不应小于管子直径的（D）倍。

   A. 2　B. 5　C. 3　D. 4

42. 金属构件高温受热面积较小时，容易产生（A）变形。

   A. 局部　B. 整体　C. 较小　D. 较大

43. 利用专用胎具拱曲的操作过程是材料的摆放、（B）和完成拱曲。

   A. 拱曲　B. 锤击　C. 整形　D. 锤击次序

44. 下列不属于手工成型的是（C）。

   A. 拔梢　B. 拱曲　C. 压弯　D. 加热

45. 板料在卷弯时（C）与上辊轴的轴线重合后，再开始卷弯。

   A. 中心线　B. 边线　C. 基准线　D. 中心

46. 按辊筒位置的分类方法是（D）卷板机的分类方法。

A. 立式　B. 闭式　C. 开式和闭式　D. 立式和卧式

47. 按上辊受力形式的分类方法是（A）卷板机的分类方法。

　A. 卧式　B. 开式和闭式　C. 开式　D. 立式

48. 当板料的厚度大，或者工件的卷弯半径小时，则卷弯时的变形大，材料加工时产生的（C）现象也越严重。

　A. 变形　B. 扭曲变形　C. 冷作硬化　D. 弯曲

49. 当弯管的弯曲半径大于管子直径的（B）倍时，通常采用无芯弯管方法弯曲。

　A. 1　B. 1.5　C. 2　D. 2.5

50. 在弯管的缺陷当中压紧滚轮直径过小会产生（B）缺陷。

　A. 鼓包　B. 压扁　C. 弯裂　D. 椭圆

51. 在压力机或弯板机上用的弯曲模具可分为（A）类。

　A. 2　B. 3　C. 4　D. 5

52. 在材料弯曲后，其弯曲角度和弯曲半径与模具的形状和尺寸不一致的现象叫做（C）。

　A. 弯曲变形　B. 压弯变形　C. 压弯回弹　D. 回弹

53. 热压是将坯料加热至高温状态下压延的方法，用于板厚（A）或相对变形量很大的压延成型，相对劳动强度较高。

　A. >6mm　B. >4mm　C. >8mm　D. >5mm

54. 水火成型就是利用板材被局部加热，冷却所产生的（B）和横向变形达到弯曲成型的目的。

　A. 局部变形　B. 角变形　C. 竖向变形　D. 扭曲变形

55. （C）决定了单角压弯模凹模的圆角半径。

　A. 零件尺寸　B. 凸模角度　C. 板材厚度　D. 板材宽度

56. 坯料退火后的硬度、（C）和边缘表面质量等是影响橡皮成型过程中边缘开裂的主要因素。

　A. 强度　B. 刚度　C. 厚度　D. 宽度

57. 水火弯曲成型过程中，为避免板料边缘（B）时起皱，加热的终点应距离板的边缘80～120mm。

　A. 膨胀　B. 伸缩　C. 加热　D. 冷却

58. 双角压弯模的主要技术参数包括圆角半径、（D）、凸凹模之间的间隙及模具的宽度等。

　　A. 形状　B. 结构　C. 几何尺寸　D. 凹模的深度

59. 封头可分为立式和（C）两种。

　　A. 闭式　B. 开式　C. 卧式　D. 锥体式

60. 型材弯曲时由于（B）与力的作用线不在同一平面上型材除受弯曲的力矩外，还受到扭矩的作用使型材的横截面产生畸变。

　　A. 中心线　B. 重心线　C. 基准线　D. 弯曲线

61. 用通用工具拔梢是指使用一般拔梢工具进行（D）的方法。

　　A. 加工　B. 弯曲　C. 成型　D. 拔梢

62. 弯卷加工大体可分为等曲率、变曲率和（B）三种。

　　A. 圆筒形　B. 锥形　C. 异形　D. 圆柱形

63. 弯曲模上、下模的高度根据机床闭合高度确定，在使用弯曲模时其弯曲角度一般大于（A）。

　　A. 18°　B. 15°　C. 10°　D. 20°

64. 材料成形性能的好与坏取决于材料在成形时变形区域拉应力和压应力的（B）。

　　A. 大小　B. 多少　C. 差异　D. 变化

65. 尺寸基准按其性质可分为设计基准和（B）基准两大类。

　　A. 平面　B. 工艺　C. 立面　D. 制作

66. 平面图形的基准有两个方向即（C）。

　　A. 平面和立面　B. 正面和反面

　　C. 水平和垂直　D. 侧面和正面

67. 展开放样的方法中，所谓的万能放样法是（B）。

　　A. 平行线法　B. 三角形法　C. 放射线法　D. 辅助平面法

68. 现场进行大件的展开放样方法是（B）。

　　A. 三角形法　B. 计算法　C. 平行线法　D. 放射线法

69. 正确理解各零部件的相对位置、尺寸和连接形式，确定装配基准面和装配方法，选择（B）方法。

　　A. 装配　B. 定位　C. 连接　D. 施工

70. 零件在加工找正时是利用（C）表面找正。

   A. 加工   B. 立面   C. 水平   D. 任意

71. 熟悉图样和工艺流程时，不仅要熟悉零部件图、总装配图和技术要求，还要熟悉（C）。

   A. 材料材质   B. 装配基准   C. 工艺流程   D. 装配方法

72. 制定较复杂结构件的装配工艺规程是一项繁重而复杂的工作，必须根据（B），深入研究构件的结构、焊接工艺等内容，尤其要对关键零部件或工序进行深入分析、研究。

   A. 零部件图   B. 图样   C. 总装配图   D. 技术要求

73. 在设计未规定的情况下，冷作钣金工要根据（C）和施工条件，考虑部件的划分问题。

   A. 零部件图   B. 图样   C. 产品特点   D. 连接形式

74. 装配现场的地平面应平整，（A），安置的装配平台必须保持水平，并定期检查；零部件要堆放整齐；人行道应畅通，保证起吊和运输通行无阻。

   A. 清洁   B. 宽敞   C. 干净   D. 无杂质

75. 在零件上用来确定点、线、面的依据叫做（C）。

   A. 基准点   B. 基准面   C. 基准   D. 中心线

76. 在零部件的检查时，对矩形部件对角线的检查，常用（C）进行检查。

   A. 卷尺   B. 钢板尺   C. 样板   D. 样杆

77. 定位焊用于各焊接部件间的（A），以确保整个结构件得到正确，符合要求的几何形状和尺寸。

   A. 相互位置   B. 宽度   C. 高度   D. 位置

78. 在焊缝交叉处和焊缝方向急剧变化处不可进行定位焊，应离开（B）mm 左右进行定位焊。

   A. 30   B. 50   C. 80   D. 100

79. 在未表明焊角高度的焊缝进行焊接时，焊缝高度一般为焊件最薄板厚的（A）倍。

   A. 0.8   B. 1   C. 1.5   D. 0.6

80. 焊角尺寸大于（B）mm 时应采用多层多道焊接。

   A. 6   B. 8   C. 10   D. 5

81. 为防止工形梁的焊接变形，可采用预先压出反变形角和
（B）两种方法。

   A. 加热先变形法   B. 采用反变形法

   C. 模具固定法   D. 焊后矫正法

82. 对于较大的箱体，箱壁通常用（D）板料制成。

   A. 一块   B. 两块   C. 三块   D. 两块以上

83. 在箱体的折弯成型过程中，折弯顺序一般为（C）。

   A. 先上下后左右再中间   B. 先中间后左右再上下

   C. 先两边再中间   D. 先中间再两边

84. 液压夹具的优点有压紧力大、夹紧可靠、（A）等。

   A. 工作平稳   B. 操作简单   C. 维修方便   D. 工作灵敏

85. 液压升降装焊工作台主要用于大型结构件的装配，它主要由
工作台、（A）、扶梯、油缸、油泵等组成。

   A. 四连杆机构   B. 升降台   C. 连杆   D. 提升臂

86. 根据工件的具体尺寸、形状，具有一定形状曲率的工具叫做
（D）。

   A. 胎模   B. 模具   C. 弧形板   D. 胎具

87. 胎具应有一定的（A）和刚度，并安装固定在坚固的地基之
上，以避免在装配中胎架变形及下沉。

   A. 硬度   B. 韧性   C. 强度   D. 脆性

88. 由于定位焊为间断焊，焊接温度比正式焊接低，因热量不
足，易产生未焊透现象，所以，焊接电流应比正式焊接时高
（B）。

   A. 5% ~ 10%   B. 10% ~ 15%

   C. 15% ~ 20%   D. 10% ~ 20%

89. E4303 焊条适用于焊接（A）的焊件。

   A. 低碳钢   B. 锰钢   C. 高碳钢   D. 不锈钢

90. 将成套图样拆绘成便于加工的简单部件或零件图样，以供

（A）。

　　A. 加工和生产　　B. 放样和施工

　　C. 加工和组对　　D. 放样和生产

91. 必须在保证（D）的情况下对图样进行测绘。

　　A. 形状位置公差　　B. 加工精度　　C. 加工尺寸　　D. 尺寸公差

92. 冷作钣金工施工时一般需要拼接的构件，图样上通常不予标出，就需要按（A）合理安排拼接方式。

　　A. 实际情况　　B. 尺寸大小　　C. 受力情况　　D. 技术要求

93. 熟悉图纸、（B）、严格执行工艺路线和装配中的材料管理是装配的工艺要领。

　　A. 掌握装配工艺　　B. 掌握技术要求

　　C. 熟悉技术标准　　D. 掌握图样

94. 装配屋架时，屋架的起拱度应按（D）将上、下弦同时抬高。

　　A. 高度值　　B. 长度值　　C. 重量　　D. 挠度值

95. 在装配较大且复杂的结构件时，应将构件整体分成若干个部件进行（A）后再进行总装。

　　A. 装配和焊接　　B. 焊接和矫正　　C. 矫正　　D. 焊接

96. 制作屋架模具时，应按照屋架的实际（D）画在平台上，并确定好模板的具体位置。

　　A. 形状　　B. 尺寸　　C. 大小　　D. 形状和尺寸

97. 根据除尘器的结构特点，总装配时是采用（C）的方法，才能便于定位和操作。

　　A. 正装　　B. 倒装　　C. 先正装后倒装　　D. 先倒装后大正装

98. 装配的准备工作包括熟悉图样，（B），装配现场设置，零部件质量检查等工作。

　　A. 分析图样　　B. 划分部件　　C. 掌握图样　　D. 计算尺寸

99. 直流弧焊机是一种将交流电经过变压、（C）转换成直流电的电弧焊机。

　　A. 电流　　B. 电压　　C. 整流　　D. 电量

100. 晶闸管整流弧焊机具有耗材少、质量轻、（A）、外特性及调节性能好等优点。

　　A. 节电　　B. 高效　　C. 使用方便　　D. 体积小

101. 晶闸管整流弧焊机由三相变压器、晶闸管、直流电抗控制器、（B）和电源控制开关等部件组成。

　　A. 整流器　　B. 控制电路　　C. 逆变器　　D. 低压整流器

102. 逆变器流弧焊机工作的基本原理是工频交流—直流—中频交流—（B）—交流或直流输出。

　　A. 交流　　B. 降压　　C. 升压　　D. 直流

103. 三相异步电动机在全压启动时，启动电流是额定电流的（A）倍。

　　A. 4 ~ 7　　B. 3 ~ 5　　C. 5 ~ 8　　D. 2 ~ 5

104. 离心通风机主要由机壳、进风口和（D）等组成。

　　A. 出风口　　B. 电机　　C. 底座　　D. 叶轮

105. 焊条焊芯的作用是（C）。

　　A. 机械保护　　B. 冶金处理　　C. 填充金属　　D. 改善焊接工艺

106. 在焊条的牌号中第一位字母"J"表示（A）焊条。

　　A. 结构钢　　B. 普通钢　　C. 中碳钢　　D. 高碳钢

107. 在焊条的牌号中前两位数字表示（C）。

　　A. 焊接位置　　B. 焊接方位　　C. 抗拉强度　　D. 药皮类型

108. 立焊的焊条与两工件两边的角度成90°，并与水平面向下成（D）。

　　A. 10° ~ 15°　　B. 15° ~ 20°　　C. 10° ~ 25°　　D. 15° ~ 30°

109. 横焊是焊条垂直倾斜（B），水平与焊缝方向成 70° ~ 80°交角。

　　A. 10°　　B. 15°　　C. 30°　　D. 45°

110. 在进行仰焊作业时为了使熔深小，避免烧穿，则焊条向焊接的（B）方向倾斜10°左右。

　　A. 平行　　B. 相反　　C. 垂直　　D. 左右

111. 焊接应力包括（A）和残余应力。

A. 热应力　B. 内应力　C. 外力　D. 局部收缩力

112. 一般钢材在温度不断升高的过程中，塑性也随之增高，而强度（C）。

A. 不变　B. 增高　C. 降低　D. 不知道

113. 通常说韧性较好的钢材，硬度（B）。

A. 较大　B. 较低　C. 较高　D. 较好

114. 下列材料中焊接工艺性能较好的是（D）。

A. 不锈钢　B. 锰钢　C. 高碳钢　D. 低碳钢

115. 材料的（C）增大焊缝收缩量也随之增大。

A. 厚度　B. 硬度　C. 膨胀系数　D. 收缩系数

116. 为了减少焊件的内应力和（C），对大型构件的焊接，应从中间向四周进行焊接。

A. 焊接变形　B. 变形　C. 局部变形　D. 收缩变形

117. 温度应力是由焊接时局部加热不均匀，使各部分（A）不一致所起的应力。

A. 膨胀　B. 温度　C. 受热　D. 收缩

118. 如果焊接件受结构的限制或自身刚度高而不能自由（D），则焊接后焊件变形小，内部残余应力大。

A. 收缩　B. 膨胀　C. 伸长　D. 伸缩

119. 构件焊缝不对称时，一般应先焊焊缝（C）的一侧，这样可以使先焊的焊缝所引起的变形部分得到抵消。

A. 长　B. 短　C. 少　D. 多

120. 当焊缝长度超过 1m 时，可采用逐步退焊法，分中逐步退焊法、（B）、交替焊法和分中对称焊法等。

A. 断续焊法　B. 跳焊法　C. 点焊　D. 分段焊法

121. 反变形法是根据（C）来断定焊件在冷却后发生变形的方向和程度，在焊接前给予焊件大小不同，方向相反的变形，以抵消焊件由于焊接产生的变形。

A. 材料的厚度　B. 焊缝的长度

C. 经验或试验　D. 焊缝的宽度

122. 锤击焊缝法矫正焊后变形是对于塑性较好的（A）而言。

　　A. 低碳钢　B. 中碳钢　C. 高碳钢　D. 碳素钢

123. 气体保护电弧焊利用气体作为电弧介质，起保护（C）的作用，使熔池金属及焊接区高温金属免受周围空气的影响。

　　A. 焊件　B. 焊缝　C. 熔滴　D. 焊丝

124. 瞬时加热连接部位，在融化状态或非融化状态下对被焊焊件加压以形成焊接接头的焊接方法叫做（A）。

　　A. 接触焊　B. 点焊　C. 压焊　D. 对焊

125. 按连接时的温度铆接可分为（A）两种。

　　A. 冷铆和热铆　　　B. 手工铆和机械铆

　　C. 手工铆和液压铆　D. 拉铆和机械铆

126. 用铆钉进行手工铆接 4mm 的钢板时，铆钉孔应比铆钉大（C）mm。

　　A. 3　B. 4　C. 5　D. 6

127. 在主螺母上加副螺母并拧紧，两螺母间产生（B），使主、副螺母的螺纹与螺栓的螺纹互相压紧，防止连接自松。

　　A. 压力　B. 对顶压力　C. 摩擦力　D. 扭矩力

128. 管子胀接顺序的正确与否，直接影响管板的（C）。

　　A. 连接强度　B. 牢固性　C. 几何尺寸　D. 正常使用

129. 构件的（B）、形状和位置的检验是冷作钣金工在制造中一道非常重要的工序。

　　A. 尺寸　B. 尺寸公差　C. 平行度　D. 几何尺寸

130. 在生产加工过程中对工件的尺寸、形状和位置都有一定的允许偏差范围，即尺寸、形状和（A）。

　　A. 位置公差　B. 形状公差　C. 尺寸公差　D. 误差

131. 产品的检验可分为施工前检验，（C）和最终检验三个检验过程。

　　A. 自检　B. 复检　C. 中间检验　D. 专业检验

132. 在加工过程中的误差可分为加工误差和（C）。

　　A. 视觉误差　B. 质量误差　C. 测量误差　D. 积累误差

133. 在加工过程中对不同的（A）要求和不同的加工方法所允许的偏差也不同。

A. 等级　B. 精度　C. 质量　D. 材质

134. 施工前的检验是对原材料进行化学成分和（D）等方面的检验。

A. 化学性能　B. 物理性能　C. 材料的缺陷　D. 力学性能

135. 钢板厚度为 10mm 时，矫正后的允许误差为（B）。

A. ≤1mm　B. ≤2mm　C. <1mm　D. <2mm

136. 工字钢的局部波状和平面度在矫正后的每米允许误差为（A）。

A. ≤2mm　B. ≤1mm　C. <1.5mm　D. <2mm

137. 在放样时直线的允许误差是（A）。

A. ±0.25mm　B. ±0.5mm　C. 0.5~1mm　D. ±1.0mm

138. 在放样时样杆和样板的允许误差是（D）。

A. ±0.25mm　B. ±0.5mm　C. 0.5~1mm　D. ±1.0mm

139. 弯边长度大于 120mm 时，角度（β）的极限值为（D）。

A. ±1°　B. ±1°45′　C. ±1°30′　D. ±2°

140. 在样板的两端，孔与孔的允许公差为（A）。

A. ±1mm　B. ≤2mm　C. <1mm　D. ±2mm

141. 在卷板机上弯曲直径为 1100mm 的圆筒，其直径的允许偏差是（C）。

A. ±5mm　B. ±6mm　C. ±7mm　D. ±8mm

142. 筒体的错边量 e 不能大于筒体的壁厚的（B）且不得超过 4mm。

A. 10%　B. 20%　C. 25%　D. 15%

143. 外径小于 30mm 的管子的弯曲半径不得大于（A），且不允许有波纹和扭曲。

A. 10%　B. 20%　C. 25%　D. 15%

144. 焊接件的长度尺寸，角度以及形位公差的精度等级有（B）种。

66

A. 3   B. 4   C. 5   D. 6

145. 结构件的形状、位置检验是对加工后的结构件形状、零件之间的（D）进行检测，通常检测的主要内容有平行度、倾斜度、垂直度、同轴度、角度等。

A. 尺寸   B. 距离   C. 位置   D. 相对位置

146. 为了保证焊接结构件的质量，必须对焊缝进行质量检验，原因是因为目前的焊接技术其焊缝质量尚未达到足够的（A）。

A. 稳定性   B. 强度   C. 硬度   D. 质量精度

147. 下列不属于焊缝外观质量的是（C）。

A. 气孔   B. 未焊透   C. 致密性   D. 裂纹

148. 焊缝的外观质量检验包括焊缝外形尺寸的检验，焊接件精度的检验和（C）的检验。

A. 焊缝高度   B. 穿透性   C. 焊缝表面质量   D. 抗拉强度

149. 压力容器通常采用非破坏性的试验方法，即（A）试验。

A. 致密性   B. 抗压强度   C. 焊缝强度   D. 气压试验

150. 当板厚大于（C）mm 展开需作板厚处理。

A. 2   B. 3   C. 1.5   D. 1

151. 当边长为 80mm×80mm 的矩形构件，板厚为 4mm，其展开长度是（D）mm。

A. 320   B. 312   C. 304   D. 288

152. 机械传动中，（B）的主要特点之一是具有过载保护功能，可以防止其他零件损坏。

A. 中心传动   B. 带传动   C. 齿轮传动   D. 边缘传动

153. 液压油的黏度随温度的变化而变化，温度越高其黏度（A）。

A. 越低   B. 越大   C. 越高   D. 越浓

154. 局部视图的断裂边界用（C）表示。

A. 曲线   B. 点画线   C. 波浪线   D. 实线

155. 角钢的中性层位于角钢根部的（C）。

A. 中心   B. 内侧   C. 重心   D. 外侧

2.2 判断题

1. 相贯线上的每一个点都是两个几何体上共有的点。(√)

2. 求相贯线的方法有素线法、辅助平面法和辅助球面法 3 种。(×)

3. 划线平台不属于划线工具。(×)

4. 尺寸应尽量标注在表达形体特征明显的视图上，并尽量标注在实线上。(√)

5. 平面图形有水平方向和垂直方向两个基准。(√)

6. 当三视图不能完全反映一个构件的全部结构时，需要画出剖视图或详图。(√)

7. 图样中符号"⊥"表示表面加工的垂直度。(√)

8. 号料时直线的允许误差是 ±1mm。(×)

9. 两个相交体表面相交的线叫做截交线。(×)

10. 天圆地方的构件放样可采用三角形法和计算法。(√)

11. 矫正就是将金属材料中不同长度的纤维层进行调整，达到长度一致。(√)

12. 零件表面的微观不平的程度可以用一般的测量方法来进行检测。(×)

13. 剪切角越小，剪切力越小，板料变形也就越小，断面不易被破坏。(×)

14. 影响冲裁质量的因素有：凸、凹模间的间隙大小及其分布的均匀性，刃口状态和冲裁速度，模具制造的精度等。(×)

15. 气割的工艺参数有：割炬的功率，氧气压力的大小，气割的速度，预热火焰的能率等。(√)

16. 氧气在气割作业当中，主要起到助燃的作用。(×)

17. 在气割作业时，板料越薄割嘴离板料越远，板料越厚割嘴离板料越近。(×)

18. 为了防止在气割作业中板料因受热而变形，气割时应尽量使

用能率小的火焰。（×）

19. 气割时一般采用氧化焰利用火焰的焰心对金属材料进行加热。（×）

20. 剪切常用的低碳钢板刀片的间隙是材料厚度的5%。（×）

21. 手工冷铆一般适用的铆钉直径应小于8mm。（×）

22. 厚板的矫正方法一般采用机械矫正和手工矫正。（×）

23. 塑性较好的材料其允许变形量较大的原因是便于弯曲和成型。（×）

24. 矫正的目的就是使较长的纤维缩短，使较短的纤维增长，最终达到一致。（√）

25. 切削加工的三个基本要素是工件、运动和切削。（×）

26. 使用36V的安全电压一样会发生触电事故。（√）

27. 正投影图中所有的素线都反应实长。（×）

28. 金属板材变形时中性层既不变长也不缩短。（√）

29. 平行线法的展开放样只使用于柱体的表面展开。（×）

30. 确定零件上点，线，面的依据是基准。（×）

31. 由基本线条组成了几何图形。（√）

32. 在有平面和曲面的结构件中，应以平面为装配基准。（√）

33. 钢材的密度是每立方米重7.85t。（√）

34. 取角度样板放样时根据实际情况按1:2的比例采取。（×）

35. 确定加工余量的主要方法有计算法和查表两种方法。（×）

36. 型材弯曲时由于重心线与力的作用在同一平面上。型材除受弯曲的力矩外，还要受到扭矩的作用，使型材横截面产生畸变。（×）

37. 扁钢宽度方向的弯曲一般采用冷弯。（×）

38. 拔梢是薄板构件常用的加工方法，用以构件的强度，减轻构件的质量。（×）

39. 在直径小于80mm的孔，可以直接用铁质或木质的冲模一次冲击弯边。（√）

40. 对于拱曲深度较大或接近球状的零件，可以使用通用工具顶

杆拱曲。（√）

41. 一般尺寸较小或深度较浅的零件可直接在胎具上进行拱曲。
    （×）

42. 机械成型只能用弯板机和压力机进行成型。（×）

43. 卷弯时出现椎弯的现象是因为上辊和下辊素线不平行的原因
    产生的。（×）

44. 卷板机只能卷直筒构件，不能卷锥形构件。（×）

45. 卷板机弯曲钢板的弊端是不能一次成型，需要多次反复滚压
    才能达到需要的成型效果。（√）

46. 型材在卷弯时，中心线和力的作用线不在同一条直线上。
    （√）

47. 管子在进行热弯时弯曲角度应比实际角度小 3°~5°。（√）

48. 采用无芯弯管时，弯管的最小弯曲半径应不小于管子直径的
    5 倍。（×）

49. 管子弯曲时，弯曲处的横截面内不允许有明显的椭圆变形，
    减薄率应符合标准要求。（√）

50. 不同的弯管方法的弯曲工艺不同，其目的都是一样的。
    （√）

51. 弯管分为螺旋弯管和空间位置弯管两种。（√）

52. 弯曲模上、下模的高度根据机床的高度确定，在使用弯曲时
    其弯曲角度一般大于 18°。（×）

53. 由于产量较大或工件形状特殊，必须使用专用弯曲模具。
    （√）

54. 在材料弯曲时，塑性变形时还存在弹性变形。（√）

55. 采用较小弯曲半径时，应去掉毛刺后再压弯，或者让有毛刺
    的一边放置在弯曲的外侧，使他处于受压状态，这样不容易
    开裂。（×）

56. 在正式压延前必须进行试压，并调整好间隙、压力等技术参
    数。（√）

57. 热压时，针对不同的材料使用的温度也不同。（√）

58. 旋压是一种成形空心金属旋转体工件的工艺方法。（×）

59. 成形质量好、板面光滑、平整、无锤痕、板厚基本不减薄是水火成形的优点。（√）

60. 水火弯板是利用火焰对板料局部加热，冷却后成型的一种方法。（√）

61. 拱曲成形的工件底部板厚都比较厚。（×）

62. 在烘曲前应将坯料进行退火处理。（√）

63. 爆炸成形由于成形速度快，压力大，所以回弹现象特别明显。（×）

64. 坯料主要承受压力的作用而起伏。（×）

65. 材料的相对弯曲半径 r/t 越大，材料的变形程度越大，回弹量也越大。（×）

66. 在装配时根据工件的结构和技术要求选择不同的装配方法。（√）

67. 装配前，除了对零部件的材质进行检查之外，还应检查零部件的几何尺寸和数量。（√）

68. 在进行装配时，对于变形较大的焊接件，应采取防止焊接应力变形的措施。（√）

69. 在低温下焊接时，为了防止开裂的现象，可采用酸性焊条。（×）

70. 进行除尘器整体结构的总装，可根据除尘器的技术要求，采用先正装后倒装的方法，以便于装配时的定位和测量操作。（×）

71. 液压夹具与气压夹具的工作原理相似，但工作方式不同。（×）

72. 磁力夹具可分为永久磁力夹具和点磁力夹具。（√）

73. 胎架是指板架结构的组合件的装配胎具。（√）

74. 大量的工件在装配时，可采用挡铁定位。（×）

75. 工字梁是由一块腹板和两块翼板拼接而成。（√）

76. 封头边缘一般取 5～8mm 作为加工余量。（×）

77. 装配准备工作包括熟悉图纸、划分部件、装配现场设计、零部件质量检查。（√）

78. 为保证整体装配质量，支座装配后其垫板与筒体必须先装焊。（×）

79. 电动机底座装焊后进行热处理的目的是消除内应力。（√）

80. 装配用的工夹具和胎具在使用前应进行检查，合格后才能使用。（√）

81. 在装配过程中划线可分为平面划线和立体划线。（√）

82. 装配前的准备工作就是准备各种工具和量具。（×）

83. 模具装配是在大批量的生产中和尺寸相同的情况下才进行。（√）

84. 跨度较小而中间悬空的钢结构，容易产生下榻现象。（×）

85. 在装配平台上画出罐顶盖的主视图，以便于找出胎膜板的安装位置。（×）

86. 弧形罐顶由型材和板材组成。（×）

87. 低、中压容器结构件在装配时可使用顺装和倒装两种装配方法。（√）

88. 梁柱类结构件在大量装配工件尺寸和规格不变时，可采用胎模具装配。（×）

89. 屋架的比例可分为高度比例和挠度比例。（√）

90. 一般钢屋架的挠度比例为1:600。（×）

91. 在装配时可用样板检验折边零件的弯曲角度和卷弯零件的弧度。（√）

92. 一般的连接形式有焊接、铆接和螺栓连接三种形式。（×）

93. 交流弧焊机按结构不同可分为串联电抗器式和动圈式两种。（×）

94. 直流弧焊机可分为晶闸管直流弧焊机和逆变整流弧焊机两种。（√）

95. 直流焊机在使用时只能正接。（×）

96. 选择焊接设备时不受焊材的影响。（×）

97. 焊接变形的大小取决于板料的厚度、焊接的电流等。（√）

98. 按焊条药皮的酸碱性可以把焊条分为酸性焊条和碱性焊条两种。（√）

99. 在焊条的牌号中第一位字母"E"表示是焊条的意思。（√）

100. 在结构件的制造工程中，焊接是使结构件变形最大的一种连接方法。（√）

101. 焊接过程对金属结构件来说，是引起变形的主要原因。（×）

102. 铆接是指用压缩空气使活塞上下运动产生压力来完成的。（×）

103. 铆接时，铆钉孔的直径至少应比铆钉的直径大 0.1 ~ 0.5mm。（×）

104. 铆钉的周围出现过大帽缘的主要原因是钉杆太长，加工时间太长产生的。（×）

105. 胀接后在做水压试验时，水压应为工作压力的 1.25 倍。（×）

106. 胀接程度的试验就是检验胀接接头的密封性。（×）

107. 正确的胀接率与胀管器材料和直径以及厚度有关。（×）

108. 胀接的质量取决于管子的大小和厚度。（×）

109. 后退式胀子的两端做成过渡段，前进式的胀子呈三角形，这是后退式胀子和前进式胀子的主要区别。（×）

110. 焊接时焊件接头的根部和中部未完全溶透就是未焊透。（√）

111. 组焊箱型构件时，截面的垂直度为 $b/300$，且不大于 5mm。（×）

112. 焊条的焊芯在焊接过程中起填充作用。（√）

113. 焊接过程中产生的变形叫做焊接应力变形。（√）

114. 当铆钉直径为 $\phi 10$ 时，压缩空气的压力为 2MPa。（×）

115. 机械热铆时铆钉加热温度在 600 ~ 700℃ 之间。（×）

116. 按获得陡降外特性的方法不同，交流弧焊机可分为电抗器

式和增强漏磁式两大类。（√）

117. 直流焊机是将交流电经过变压、整流转变成直流电的电弧焊机。（√）

118. 铆钉枪和铆接机是常用的两种铆接工具。（√）

119. 螺纹连接时，螺栓按其强度可分为普通螺栓和高强度螺栓两种。（√）

120. 产品的质量检验分为外部质量检验和内部质量检验两种。（√）

121. 内部质量检验通常采用破坏性检验方法，如气压试验等。（×）

122. 在生产过程中所谓的误差就是指积累误差。（×）

123. 公差就是根据产品的性能和产品的使用要求，将偏差限定在一定范围构成的。（√）

124. 在加工过程中尺寸，形状和位置公差是衡量产品质量的重要指标之一。（×）

125. 一般施工前的检验是对原材料的化学成分，力学性能等方面的检验，中间检验和最终检验是对焊接缺陷，产品结构和压力等的检验。（√）

126. 板材冷弯仅指抗拉强度 $R_m \leqslant 160MPa$ 的一般结构钢板制品的冷弯，对于轧制板材，带材宽扁钢材等，最宜在垂直于轧制方向进行弯曲，这样才具有较好的弯曲性特性。（√）

127. 当钢板弯曲卷圆时，弯曲半径（内径）小于标准规定的数值时，需根据具体工艺进行热弯或弯后热处理。热弯时钢材加热温度为 $900 \sim 1100℃$ 。（×）

128. 钢板在卷圆弯曲时筒体合缝的错边量 e 不得大于筒体壁厚的 20% ，且不超过 4mm。（√）

129. 外径小于 30mm 的管子在弯曲时弯曲半径允许误差应不大于 1mm。（√）

130. 外径小于 30mm 的管子在弯曲时管子的弯曲允许误差应不大于 1mm。（×）

131. 较小外径的管子弯曲后的每米内的直线度公差和相互平行度公差应不大于1mm。（×）

132. 焊接构件未注明尺寸的检验，包括长度尺寸和角度。（√）

133. 焊接构件的形位公差包括直线度、平行度和垂直度。（×）

134. 平行度、倾斜度、垂直度、同轴度、角度通常是结构件的形状、位置检验的主要内容。（√）

135. 测量构件的垂直度只能用90°角尺来完成。（×）

136. 钢卷尺既可以用来检查构件的平行度也可以检查构件的倾斜度。（×）

137. 焊缝的外观质量的检验包括外形质量的检验和表面质量的检验。（√）

138. 容器的致密性检验就是用水压检验，气压检验和煤油检验等对焊缝质量的一种检验。（√）

139. 在做水压检验时，检验的压力为工作压力的1.25~2倍，并在此压力下坚持一段时间，然后把压力降至容器的工作压力，进行致密性检验。（×）

140. 在煤油检验中，检验的持续时间一般不小于15min。（×）

141. 水压试验、煤油试验和气压试验是用于对焊缝密封性的检验方法。（√）

142. 为了促进企业的规范发展，需要发挥企业文化的决策功能。（×）

143. 在工艺文件中工艺规程是指导生产的主要技术文件。（√）

144. 一般通过线型尺寸、角度、形状和结构等对构件的外部进行检验。（×）

145. 采用着色的检验方法可以检验出焊缝的内部结构质量。（×）

2.3 简答题

1. 冷作钣金工的定义是什么？

答：就是将金属板材，型材等在不改变其断面结构的情况下，加工成各种金属制品的工艺。

2. 矫正的原理是什么？

答：矫正的原理是通过外力或加热作用，使材料内部较短的纤维伸长或使较长的纤维缩短，最后使各层纤维的长度相等，从而消除钢材或预制构件的弯曲、扭曲、凸凹不平等变形。

3. 一般结构件图样的特点有哪些？

答：一般结构件的特点有：

（1）冷作钣金加工的对象复杂。

（2）料厚和结构件形体尺寸的差距大。

（3）图样标注尺寸的不确定性。

（4）拼接位置和拼接方式不确定。

（5）技术处理的复杂。

4. 相贯线的类型有哪些？怎样求作相贯线？

答：相贯线的类型有：平面立体与平面立体相贯的相贯线、平面立体与曲面立体相贯的相贯线、曲面立体与曲面立体相贯的相贯线。相贯线的作法是先找出特殊相贯点，再在这些特殊相贯点之间找出适当数量的相贯点，最后用平滑的曲线将这些点连接起来。

5. 单件板厚处理的一般原则是什么？

答：（1）回转体类构件。即断面为曲线状的结构件，其展开长度应以中性层作为展开放样和计算的基准。

（2）柱体、棱锥体类构件。即断面为折线状的结构件，其展开长度应以里皮为展开放样和计算的基准。

（3）断面为曲线状和折线状的构件。如天圆地方类构件，应分别按曲线状和折线状的处理原则综合进行展开放样。

（4）倾斜的侧表面高度。应以投影高度作为放样和计算基准。

6. 影响气割件的变形因素有哪些？

答：（1）气割件的厚度。

（2）切割速度。

（3）预热火焰能率。

（4）气割件表面的杂质。

（5）气割件在气割过程中的刚度。

7. 当管径较小且弯曲半径较大时，可采用手工弯曲，其弯曲程序有哪些？

答：（1）使用靠模与控制螺距的垫块。

（2）灌砂。

（3）划线。

（4）加热。

（5）弯曲。

（6）清沙。

8. 卷弯时为防止表面压伤，常采取的防止措施有哪些？

答：卷弯时为防止表面压伤，常采取的防止措施有：

（1）清除钢板表面的氧化皮及杂质。

（2）板料加热时采用中性焰，缩短高温加热时间，并采用防氧化涂料。

（3）轴辊表面必须保持干净，不得有锈皮、毛刺等。

（4）卷板时要不断的吹扫剥落的氧化皮，矫圆时尽量减少翻转次数。

9. 简答空间位置弯管的弯曲工艺？

答：（1）由于弯管的两头弯曲半径各不相同，需用两副弯曲模具弯曲。

（2）由于相对弯曲半径 R/D 均大于 3.5，所以滑槽或滚轮的断面为半圆形。

（3）先安装 R_1 的模具，调节好弯管机的行程挡铁及滑槽或滚轮的压料量。

（4）将管子放置于弯模中寻找弯曲的起始点，用夹块压紧管子，将管子弯成 90°。

（5）再安装 R_2 的模具，将弯成 90°的管子放置于弯模中，并将弯头垂直于弯管模，找正弯曲起始点，用夹块压紧管子再进行第二个弯头的弯曲。

10. 产生弯曲回弹的原因有哪些？

答：（1）材料的力学性能。

（2）材料的相对弯曲半径 r/t。

（3）弯曲角。

（4）模具间隙。

11. 在压延操作时应注意哪些问题？

答：（1）压延前应对模具的型腔和间隙、定位装置、打料装置、卸料装置等进行检查，使之符合压延要求。

（2）压延的坯料应平整，表面光洁，尺寸、形状等规格符合技术要求，不允许存在硬折、麻点、氧化皮、裂纹以及板料厚度超差，严重翘曲等缺陷；否则，不但影响压延件的质量，还会损坏模具。

（3）压延时坯料定位应准确，润滑剂使用合适，并及时除去模具型腔中的杂质，以保证压延工件的质量。

（4）压延时，根据不同的材料采取相应的加热温度，压延后脱胎温度应合适，不能过高或过低，以免影响工件质量。

（5）热压中应及时对模具进行冷却，润滑，清除模具中剥落的氧化皮等杂质，以确保冲压工件的质量，延长模具的使用寿命。

12. 什么叫窄钢板条？窄钢板变形的特点是什么？

答：在钢结构制造中，经常用到窄钢板条又称扁钢。这些窄钢板条通常由大幅钢板经过斜口剪板机剪切加工而成。斜口剪出的窄钢板条，往往同时存在双向弯曲和扭曲变形。

13. 角钢变形矫正时应注意哪些事项？

答：角钢变形矫正时应注意：

（1）每个作业组要有一个人负责作业指挥。

（2）打锤时要注意锤击位置准确，落锤倾角适当。

（3）使用平锤矫正角钢弯曲变形时，握平锤者不应和打锤者相对站立，以防意外伤害。

（4）要经常检查锤头装得是否牢固，以防锤头脱落伤人。

（5）矫正作业时，扶持角钢的人要戴厚棉布手套，不要握持太紧，以减少震手并防止割伤。

14. 卷弯件在卷弯过程中产生扭斜的原因是什么？

答：（1）坯料不呈矩形。

（2）进料时对中不良。

（3）沿轴受力不均匀，造成局部扭斜。

15. 常见的弯管缺陷有哪些？

答：常见的弯管缺陷有：鼓包、压扁、起皱、椭圆、弯裂等。

16. 防止压弯缺陷的方法有哪些？

答：防止压弯缺陷的方法有：

（1）控制变形程度。钢板厚度越厚，卷弯的半径越小，则卷弯时变形程度越大，冷作硬化现象也越严重，易弯裂。因此，卷弯的变形程度要加以控制。对多次卷弯的要进行热处理，以防止冷作硬化。对于变形程度很大的可采用热卷弯，也可在卷弯中消除冷作硬化的热处理，等板料恢复塑性后再进行卷弯。

（2）消除钢板上可能产生应力集中的因素。如下料时尽可能使板料的轧制方向与卷弯方向一致；对焊接拼接的焊缝要铲平、打磨，注意打磨方向要与卷弯方向一致；对有孔或截面变化较大的板料，其孔边和截面变化处要打磨或圆角过渡，以防止应力集中。

（3）对淬硬比较敏感的材料，卷弯前要进行退火处理。

（4）卷弯时材料的温度应高于脆性转变温度，否则要进行预热。

17. 装配前的准备工作有哪些？

答：（1）熟悉图样和工艺程序。

（2）划分部件。

（3）装配现场的设置。

（4）检查零部件的质量。

（5）装配过程中的定位焊的要领。

18. 钢屋架起拱圆弧的弯曲加工方法是什么？

答：（1）装配前先用冷，热方法加工出下弦零件的起拱圆弧。

（2）装配时将下弦两端固定，可以用千斤顶或顶力工具、楔具、夹具等施加外力，强制冷弯曲加工圆弧。

（3）焊接时借助焊接的热量，有目的地使下弦反变形或用工具附加顶、拉外力，获得起拱圆弧。

（4）用氧乙炔焰逐段烘烤加热，并用样板为基准，逐步烘烤预制出起拱圆弧，这种加工方法质量较好。

19. 制作工具箱的方法和步骤是什么？

答：（1）首先进行展开放样。

（2）坯料弯曲成型。

（3）各部件组装焊接。

（4）最后完成装配。

20. 胎架制作应符合哪些要求？

答：（1）胎架工作面的形状应与工件被制成部位的形状相适应。

（2）胎架结构应便于在装配时对工件实施装配，定位，夹紧等操作。

（3）在胎架上划出中心线，位置线，水平线及检验线等，以便于装配时对工件进行校正和检测。

（4）胎架应有足够的强度和刚度，并安装在坚固的地基上，以避免在装配中胎架变形下沉。

21. 罐顶胎膜的制作程序是什么？

答：（1）将顶盖的侧视图画在平台上，在这个实样下取一条基准线，即胎膜的基线，要求其平行于顶盖平面。

（2）在平台的基线上确定胎膜的位置。

（3）裁割完毕，对应编号，以备安装。

（4）对于较小的罐顶模板可以制作成整块，直接在平台上组装用样板划线裁割即可。

22. 简述晶闸管整流焊机的工作特点？

答：（1）电源中的电弧推力装置可以使施焊时引弧容易，促进熔滴过渡时不易粘连焊条。

（2）电源中加有连弧操作和灭弧操作选择装置，当选择连弧操作时，可保证电弧拉长不易熄弧；当选择灭弧装置时，配以适当的推力电弧可保证焊条一接触焊件就引燃电弧，电弧拉到一定长度就熄弧，并且灭弧的长度可以调整。

（3）电路控制板全部采用集成电路元件，出现故障时，只需更换备用板，焊机就能正常使用，维修很方便。

23. 如何防止或减少焊接变形？

答：（1）选择合理的装配和焊接顺序。对于简单构件，应先装配，而后按对称的焊接顺序施焊这样会提高焊件刚度，减少变形。对于结构复杂的构件，应划分成若干个部件进行装配焊接，这样变形已控制和矫正，最后将焊好并矫正好的部件总装焊接。

（2）刚性固定法。

（3）反变形法。在焊接前给予焊件大小相同，方向相反的变形，以抵消焊件由于焊接产生的变形。

24. 铆接时铆钉孔是怎样确定的？

答：在铆接时铆钉孔的直径应与铆钉相匹配，铆钉孔的大小应根据冷铆，拉铆和热铆的不同方式来确定。

（1）冷铆：冷铆中，钉杆不宜镦粗，为了保证连接强度，铆钉孔的直径应与铆钉的直径接近。

（2）拉铆：铆钉直径和铆钉孔的直径的配合应采用动配合，如果两者间隙过大，会影响铆接强度。

（3）热铆：由于铆钉受热膨胀，为了便于穿铆钉，铆钉孔的直径比铆钉的直径要稍大些。

25. 简答螺纹连接的损坏形式和修复方法？

答：螺纹连接的损坏形式一般有：螺纹部分或全部损坏，螺钉头损坏及螺杆断裂。对于螺钉、螺栓或螺母，任何形式的损失一般都以更换新件来解决，螺孔滑牙后需要修理，大多采用扩大螺纹或加深螺纹深度的方法，而镶套重新攻螺纹只是在不得已时才采用。

26. 简答胀接接头的缺陷及预防措施？

答：（1）胀接接头的缺陷及其产生的原因有：

1）接头不严密，未胀牢，接头的上下两端有间隙。

2）接头胀偏，管子的过渡区单面胀偏，而另一边不明显。

3）接头过胀，表现为管子端部伸出量过长，管孔端面的一圈有明显鼓起现象，管子下端鼓出太大，孔壁下端管子外表面被切，管子内壁起皮。

4）管端内表面质量问题，胀管后，管端内表面粗糙，起皮等，这是胀子表面有裂痕或凹陷引起的。

5）管端外表面质量问题，扳边形成的喇叭口边缘有裂纹，产生的原因是：管端未进行退火或退火不良，管子材料本身有缺陷及管端伸出量过大或扩胀量太大。

6）管子过渡区的质量问题，管子在过渡区转变太剧烈，这是由于胀子结构设计不合理、过渡段部分不正确所致。

（2）胀接接头缺陷的补救措施是：当管子扩胀量不足时，可以进行补胀。经过三次补胀仍未达到严密性要求时，就要停止补胀。因为管子表面已经产生硬化层，失去弹性，即使再胀也不能奏效，这时可以抽出管子进行检查，如管子还可以用，则应对管端进行低温回火后再用，同时对管孔采取扩孔或镗孔的方法去掉硬化层。对于有缺陷的管子，可按制造技术条件的要求，将管端根据规定长度割掉，重新换接一段，然后对其进行低温退火，对镗孔后扩大的管孔，应将管子端部用锥杆扩大。

27. 构件在连接后刚度变形的因数是什么？

答：在实际操作中，焊接变形的大小取决于构件的刚度，而构件的刚度取决于以下几个方面：

（1）构件的形状。从构件抵抗拉伸，压缩的能力来分析，截面大，刚度也高，则变形就小，所以厚钢板比薄钢板变形小。

（2）构件的尺寸。对短而粗的构件来说，因为其抗拉强度高，焊后纵向伸缩和横向伸缩较小，不易引起弯曲变形，而较长，较细的构件就容易产生弯曲变形。

（3）构件的材料。对强度较高的材料，如合金钢，不锈钢等，因为其材料的硬度和刚度较高，引起变形相对于同类尺寸或厚度的材料来说就小。

28. 容器构件放样的工艺特点是什么？

答：（1）容器构件的主体是由板材制成各种形状的壳体组合而成，为得到容器构件用料的实际形状和尺寸，需将组成容器构件的各壳体展开。因此，展开放样是容器构件放样的主要内容之一。

（2）板厚处理，是展开理论与实际展开放样之间的过渡环节。板厚处理正确与否，直接影响构件形状，尺寸的正确性，是容器构件放样成败的重要影响因素。

（3）容器构件无论外部形状，还是内部结构，往往都比较复杂。因此，其制造工序多，工艺难度大，需要在放样中制作多种类型的样板，有时还要绘制一些草图。

29. 管子弯曲的允许误差包含哪些内容？

答：管子弯曲的允许误差包含：

（1）管子弯曲半径，椭圆度和允许的波纹深度。

（2）管子断面的平面度和垂直度的允许误差。装焊前，所有管子应去除管端飞溅，毛刺并倒角，用压缩空气或其他方法清除管子内壁的杂物及浮锈。

（3）外径小于 30mm 的管子的弯曲半径，椭圆度，壁厚减薄，弯曲角度的偏差。此类管子在弯曲时半径允许误差不大于1mm，弯曲半径处的椭圆度公差不大于 10% 和不允许出现波纹和扭曲，管子弯曲面（受拉面）壁厚减薄率不大于 15%，管子弯曲角度偏差不大于 ±1°，测量管子的弯曲角度时，可用专用测量尺或在平台上放地样（角度样板）与弯管比较测量。

（4）较小外径的管子弯曲后的直线度，相互平行度的公差。管子弯曲后应横平竖直，整齐美观。

30. 怎样进行螺栓连接的多层板叠的检验？

答：高强度螺栓和普通螺栓连接的多层板叠的检验应采用试孔器进行检查，并应符合规定，就是采用比孔的公称直径小1.0mm 的试孔器检查时，每组孔的通过率应不小于85%，而当采用比螺栓的公称直径大0.3mm 的试孔器检查时，通过率应为100%，通过率不符合上述规定时，可采用与母材材质相匹配的焊条补焊后重新制孔，预拼装检查合格后，应标注中心线，控制基准线等标记，必要时应设置定位器。

31. 一般结构件的检验内容包含哪些？

答：一般结构件的检验包括：

（1）焊接构件未注明尺寸的检验

1）长度尺寸。

2）角度。

（2）焊接构件形位公差的检验

1）焊接构件的形位公差，即焊接构件未注明的直线度、平面度、平行度等形位公差。焊接构件形位公差的精度等级一般选 F 级，图样上可不标注，选其他等级均应在图样上标注。

2）结构件的形状，位置的检测，即是对加工后的结构件形状，零件间的相对位置进行检测，通常检测的主要内容有平行度、倾斜度、垂直度、同轴度、角度等。

32. 为什么要进行焊接质量检验？

答：在焊接结构件生产中，由于目前焊接技术的焊接质量尚未达到足够的稳定性，因而为保证焊接结构件的质量，必须对焊缝进行质量检验，确保焊缝符合所规定的技术要求和结构的安全性。

33. 焊缝的外观质量检验包含哪些内容？

答：焊缝的外观质量检验包含：

（1）焊缝外形尺寸的检验及精度等级的分级。即采用测量工具对焊缝外形尺寸进行检测，它包括检测焊缝的宽度，高度及焊缝的直线度，焊接波纹的平整度的各项成型指标是否达到技术要求，以及技术等级的分级。

（2）焊缝表面质量的检验。用目视或用 5～10 倍放大镜对表面进行检查，观察焊缝表面是否存在咬边，焊瘤，未焊透，弧坑及表面气孔，夹渣，裂纹等焊接缺陷。

2.4 计算题

1. 两块钢板用铆钉连接，如第 1 题图所示，已知铆钉直径 $d = 16\mathrm{mm}$，许用剪切应力 $[\tau] = 60\mathrm{MPa}$，求铆钉所能承受的载荷。

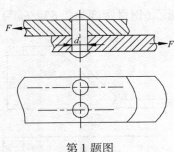

第 1 题图

解：$\because \dfrac{F}{n} \leqslant \dfrac{\pi d^2}{4}\tau'$；（$F$ 为拉伸载荷；d 为铆钉直径，mm；τ' 许用剪切应力，MPa；n 为铆钉数量）

$\therefore F \leqslant \dfrac{\pi d^2}{4}\tau' n$；$\therefore F \leqslant \dfrac{\pi 16^2}{4} 60 \times 2$；$\therefore F \leqslant 24127.43\mathrm{N}$。

答：铆钉所能承受的载荷为：24127.43N。

2. 如第 2 题图，用板厚 1mm 的钢板做一两节直角弯头，其中 $\phi = 120\mathrm{mm}$，$L_1 = 260\mathrm{mm}$；$L_2 = 300\mathrm{mm}$；（不记咬口用料）求制作弯头用料。

解：弯头用料 $L = \pi 0.119 \times (0.26 + 0.3 - 0.12) = 0.164\text{m}^2$

答：制作弯头用料为 0.164m^2。

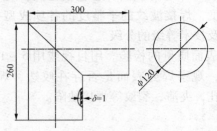

第 2 题图

3. 如第 3 题图所示，钢板宽度为 100mm，厚度为 30mm，折弯后的长度尺寸为 1350mm，高度为 300mm；两折弯处圆弧中心线距离为 358mm，其圆弧对应的圆心角为 45°，圆弧半径为 60mm，求工件重量。（钢材密度为 7.85g/cm^3）

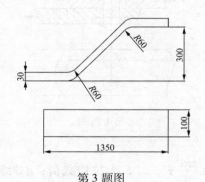

第 3 题图

解：（1）按中性层计算圆弧长，$r = 75\text{mm}$，得 $L_{弧} = \dfrac{2\alpha\pi r}{180} =$

$\dfrac{2 \times 45 \times 3.14 \times 75}{180} = 117.75\text{mm}$

（2）按中性层计算斜边直线段的长度 L

先求弧线弦长 $l = 2r\sin 22.5° = 2 \times 75 \times 0.383 = 57.4\text{mm}$

$L' = \sqrt{(358 - 2 \times 57.4\cos 22.5°)^2 + (300 - 2 \times 57.4\sin 22.5°)^2}$

86

$\approx 359.23\text{mm}$

（3）计算两端直边长度 $L = 1350 - 358 = 992\text{mm}$

（4）工件面积 $S = （992 + 359.23 + 117.75） \times 100 = 146898\text{mm}^2 \approx 0.15\text{m}^2$

工件重量 $G = 7.85St = 7.85 \times 0.15 \times 30 = 35.325\text{kg}$

答：工件重量为 35.325kg

4. 如第 4 题图尺寸，求此罐的容积。（不记板厚）

解：$V_{罐} = V_{锥} + V_{圆柱} + V_{半球} = \dfrac{1}{3}\pi r^2 h_{锥} + \pi r^2 h_{圆柱} + \dfrac{2}{3}\pi r^3$

$= \dfrac{1}{3} \times 3.14 \times 120^2 \times 80 + 3.14 \times 120^2 \times 200 + \dfrac{2}{3}$

$\times 3.14 \times 120^3 = 1205760 + 9043200$

$+ 3617280 = 13866240\text{mm}^3 \approx 0.01387\text{m}^3$

答：此罐容积为 0.01387m^3

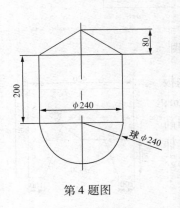

第 4 题图

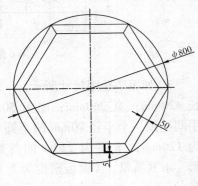

第 5 题图

5. 如第 5 题图尺寸所示，且角钢∟$50 \times 50 \times 5$，求正六边形角钢的长度。

解：正六边形边长与外接圆半径相等

$L = 6r - 6t = 6（400 - 5） = 2370\text{mm}$

答：正六边形角钢的长度 2370mm。

6. 如第 6 题图尺寸所示，求其重量。（钢板密度为 $7.85\text{g}/\text{cm}^3$）

解：工件重量 $G = 7.85St$

其中工件面积 $S = 0.5 \times 0.4 - (2 \times \pi \times 0.05^2 + \dfrac{1}{2} \times 0.1 \times$

$\sqrt{0.1^2 - 0.05^2}\,) = 0.18\text{m}^2$

$G = 7.85 \times 0.18 \times 8 = 11.302\text{kg}$

答：工件重量为 11.302kg。

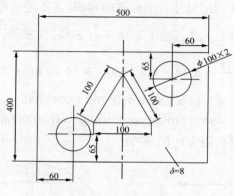

第 6 题图

7. 如第 7 题图尺寸所示，一钢板长 420mm；宽 260mm；厚为 50mm；中间挖掉一个半径 80mm 的半圆和高为 120mm；下底为 220m 的等腰梯形，求其重量。（钢板密度为 7.85g/dm³）

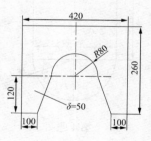

第 7 题图

解：工件重量 $G = 7.85St$

其中工件面积 $S = 0.42 \times 0.26 -$

$\dfrac{1}{2} \times \pi \times 0.08^2 - \dfrac{1}{2} \times (0.16 + 0.22) \times$

$0.12 = 0.0764\text{m}^2$

$G = 7.85 \times 0.0764 \times 50 = 29.987\text{kg}$

答：工件重量为 29.987kg。

8. 如第 8 题图所示，已知一个钢制环板的外径是 1880mm，内径是 1580mm，板厚 150mm，求其质量。（钢板密度 = 7.85g/cm³）

解：环板重量 $G = 7.85St$

其中工件面积 $S = \pi(R^2 - r^2) = 3.14 \times (0.94^2 - 0.79^2)$

$$= 0.8148\text{m}^2$$

$G = 7.85 \times 0.8148 \times 50 = 959.4\text{kg}$

答：环板重量为 959.4kg。

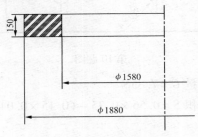

第 8 题图

9. 如第 9 题图所示，某钢管直径为 40mm，壁厚为 5mm；弯形尺寸如图，弯曲内径为 160mm；求其展开长度。

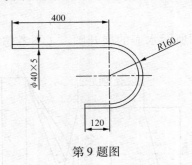

第 9 题图

解：钢管展开长度 $L = 400 + 120 + \pi\left(160 + \dfrac{40}{2}\right) = 1085.2$ mm

答：钢管展开长度 1085.2 mm。

10. 已知，尺寸如第 10 题图所示，求工件的质量。（钢板密度 7.85g/cm³）

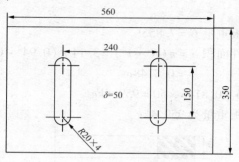

第 10 题图

解：工件重量 $G = 7.85St$

其中工件面积 $S = 0.56 \times 0.35 - (0.15 \times 0.04 + \pi \times 0.02^2) \times 2 \approx 0.182 \text{m}^2$

$G = 7.85 \times 0.182 \times 50 = 71.42 \text{kg}$

答：工件重量为 71.42kg。

2.5 作图题

1. 作出如图所示水壶的展开图。（不考虑板厚，保留作图线，按比例）

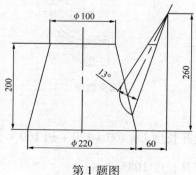

第 1 题图

解：利用壶体已知条件作出主视图。并作出壶体和壶嘴的相贯线。

壶体的展开：沿壶体两腰线延长交于 O；分别以 O 为圆心，以 OA、OB 为半径画弧，使 OA 的弧长等于壶的底周长。利用相贯线上的点，先平移于 OBA 斜线上，以确定壶嘴开孔的高度位置。再利用相贯线上的点，与 O 连接并延长于壶底，以确定壶嘴开孔的左右位置。用交点 O、OB、OA 和壶底周长画出壶体展开图，再用壶嘴的高度、左右点位置画出壶体上壶嘴的开孔大小。即完成了壶体的展开图。

壶嘴展开：以 $O1$ 为顶点，以长于相贯线最底的底线和其母线的交点为半径。画出壶嘴圆锥的展开图。以相贯线和壶嘴口相关点作弧线，光滑连接展开图上的点，得壶嘴展开图。

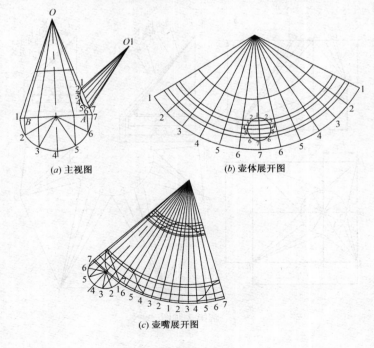

(a) 主视图

(b) 壶体展开图

(c) 壶嘴展开图

解第 1 题图

2. 已知：$\phi = 110\text{mm}$；$h_1 = 125\text{mm}$；$h_2 = 60\text{mm}$；$L_1 = 230\text{mm}$；$L_2 = 80\text{mm}$；求展开图。（不记板厚）。

解：根据主视图确定 1、2、3、…各点的垂直高度，对应俯视图 A_1、A_2、A_3 …B_6、B_7 各线段组成直角三角形的斜边即为各投影线段的实长。

展开图法：取 BC 等于 230mm，并取 B-7 的实长，先画出 $BC7$ 三角形展开图；由 7-6 弧线和实长 B-6 确定 6 的位置，依次确定 5、4、…点，通过各点连成曲线和线段，即为展开图。

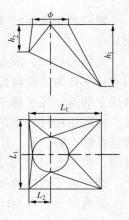

第 2 题图

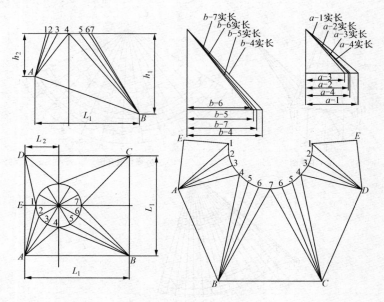

解第 2 题图

3. 作出如图所示圆顶方底台的展开图。

解：先根据已知尺寸画出主视
图和俯视图，作垂直线等于主视图
的高度 h，作水平线分别截取俯视
图上的 A、B、C 长度，组成的直角
三角形的斜边分别为 A、B、C。即
为实长。

展开图法：取 HN 等于 180mm，
并取实长 B，先画出 $HN1$ 三角形展
开图；由 7-6 弧线和实长 B 确定 6 的
位置，依次确定 6、5、4、…点，通
过各点连成曲线和线段，即为展
开图。

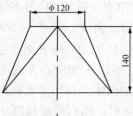

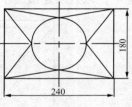

第 3 题图

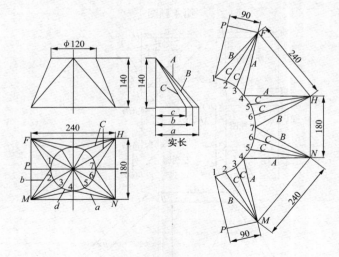

解第 3 题图

4. 如图所示，其中 $a = 80$mm；$b = 30$mm；$c = 80$mm；$d = 50$mm；e、f 和 t。求大小方管偏心连接管的展开图。

解：由视图和已知的 a、b、c、d 的尺寸可求出 e 和 f 的实

长。画 *ABCF* 等于主视图 *ABCF*，在 *AB* 延长线上取 *B-B'* 等于左视图 *GH*。延长 *BC* 取 *B-D* 等于左视图 *HJ*，连接 *DB'* 即等于左视图 *GJ*。由 *B'*、*D* 引对 *B'D* 的直角线 *A'B'*、*DE*。取 *A'-B'* 等于主视图 *A-B*，取 *D-E* 等于主视图 *D-E*。以 *E* 为中心 *b* 作半径画圆弧，与以 *A'* 为中心左视图 *f'* 线作半径画圆弧交点为 *F*。以 *F* 为中心主视图 *A-F* 作半径画圆弧，与以 *A'* 为中心 *a* 作半径画圆弧交点为 *A"*，以直线连接所求各点。即得出所求的展开图。

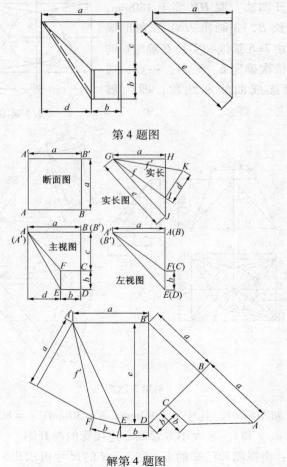

第 4 题图

解第 4 题图

94

5. 如图所示，求平行方管的三节连接管的展开图。其中已知尺寸 A、B、C、D、e、g、h、i（尺寸可以自定）。

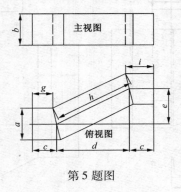

第 5 题图

解：从主视图看，三节管为水平相接。则俯视图上下板三节展开后为一块整板。俯视图前后侧板为实形。在实际工作中不用放样，可以用已知尺寸直接作出展示图。

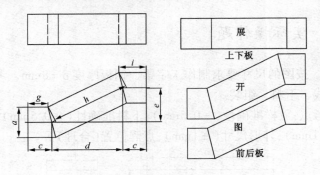

解第 5 题图

6. 已知 16 号槽钢尺寸为 A、B、C、h_1、h_2、h_3。（尺寸自定）

解：此槽钢因切角处较多，在槽钢上直接号料容易发生尺寸错误，因此须作展开样板。在实际工作中各视图可不画，用已知尺寸直接作出展开图即可。

下料展开样板画法从图中可以看出，实际就是三个视图的组合。因此用已知尺寸直接作即可。

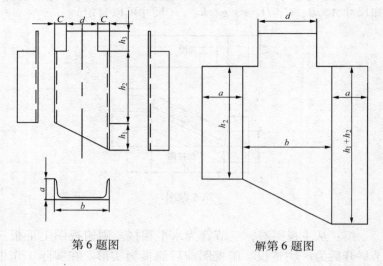

第 6 题图   解第 6 题图

2.6　实际操作题

1. 按图的尺寸要求制作工字梁，钢板厚度 $\delta = 8mm$，考生自己划线、下料、组装。

考点：放样准确性（ ±0.5mm）；下料准确性（ ±0.5mm）；直线度（ ±1mm）；外形尺寸（ ±1mm）；点焊位置（合理）等。

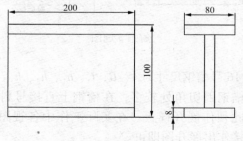

第 1 题图

考核项目及评分标准　　　表1

项目	考核项目	评分标准	配分	检测结果	实得分
1	翼板 200×80±1	超差即扣20分	20		
2	翼板平面度≤1	每超差0.5mm扣3分；超差1.5mm扣10分	10		
3	腹板 200×94±1.5	超差即扣20分	20		
4	长度 200±1.5	每超差1mm扣3分；超差1mm扣10分	10		
5	垂直度±1	每超差0.5mm扣3分；超差1.5mm扣10分	10		
6	宽度 80±1.5	每超差0.5mm扣2分；超差1mm扣5分	10		
7	平面度≤3	每超差0.5mm扣2分；超差1mm扣5分	10		
8	点焊位置	一处扣2分，两处扣4分	4		
9	表面无明显损伤	损伤或凹凸一处扣1分累计扣分	3		
10	（1）正确执行安全操作规程；（2）做到岗位责任制和文明生产的要求	违反规定扣1~3分	3		
记载	监考人		总分		

材料、设备和工具清单　　　表2

序号	名　称	型号规格	数量	单位	备注
1	Q235	$\delta=8mm$	0.1	m²	
2	直流焊机		1台/考场		
3	焊工工具		1套/考场		
4	手锤	1.5P或2P	1	把	

序号	名　　称	型号规格	数量	单位	备注
5	划规	$L=300$mm	1	把	
6	划针		1	把	
7	钢板尺	$L=300$mm, $L=600$mm	各1把		
8	钢卷尺	2.5m	1	把	
9	钳台	带老虎钳或平口钳	1	个	
10	薄钢板剪刀或电动剪		1	把	
11	样冲		1	个	
12	木榔头		1	把	

2. 已知斜口天圆地方尺寸如第 2 题图所示,板厚 1mm。

考点:放样准确性(±0.5mm);下料准确性(±0.5mm);椭圆度(±1mm);对角线(±1mm);外形尺寸(±1mm);表面光洁度(锤痕)等。

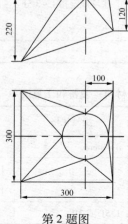

第 2 题图

项目	考核项目	评分标准	配分	检测结果	实得分
1	上口尺寸 160 ±1	超差即扣20分	20		
2	上口平面度≤1	每超差 0.5mm 扣 3 分；1.5mm 扣 10 分	10		
3	下口尺寸 300×316 ±1.5	超差即扣20分	20		
4	高度 220 ±1.5	每超差 1mm 扣 3 分；超差 1mm 扣 10 分	10		
5	高度 120 ±1.5	每超差 0.5mm 扣 3 分；超差 1.5mm 扣 10 分	10		
6	下口对角线 ±1.5	每超差 0.5mm 扣 2 分；超差 1mm 扣 5 分	10		
7	两口平面度≤3	每超差 0.5mm 扣 2 分；超差 1mm 扣 5 分	10		
8	对缝间隙	错边 0.5mm 内扣 2 分 1mm 内扣 4 分	4		
9	表面无明显损伤	损伤或凹凸一处扣 1 分 累计扣分	3		
10	（1）正确执行安全操作规程；（2）做到岗位责任制和文明生产的要求	违反规定扣 1~3 分	3		
记载	监考人		总分		

99

材料、设备和工具清单   表2

序号	名　　称	型号规格	数量	单位	备注
1	Q235	$\delta = 1\,\text{mm}$	0.4	m^2	
2	直流焊机		1 台/考场		
3	焊工工具		1 套/考场		
4	手锤	1.5P 或 2P	1	把	
5	划规	$L = 300\,\text{mm}$	1	把	
6	划针		1	把	
7	钢板尺	$L = 300\,\text{mm}$， $L = 600\,\text{mm}$	各 1 把		
8	钢卷尺	2.5m	1	把	
9	钳台	带老虎钳或平口钳	1	个	
10	薄钢板剪刀或电动剪		1	把	
11	样冲		1	个	
12	木榔头		1	把	

3. 已知角钢斜接，尺寸如第 3 题图所示。

考点：放样准确性（±0.5mm）；下料准确性（±0.5mm）；对接缝（±1mm）；角度（±1°）；尺寸（±1mm）。

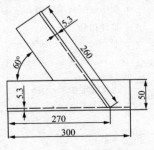

第 3 题图

项目	考核项目	评分标准	配分	检测结果	实得分
1	尺寸 300 ±1	超差即扣 20 分	20		
2	角钢直线度≤1	每超差 0.5mm 扣 3 分；超差 1.5mm 扣 10 分	10		
3	尺寸 260 ±1.5	超差即扣 20 分	20		
4	角度 60°±1.5°	每超差 1mm 扣 3 分；超差 1mm 扣 10 分	15		
5	尺寸 270 ±1.5	每超差 0.5mm 扣 3 分；超差 1.5mm 扣 10 分	15		
6	两角钢平面度≤3	每超差 0.5mm 扣 2 分；超差 1mm 扣 5 分	10		
7	对缝间隙	错边 0.5mm 内扣 2 分；1mm 内扣 4 分	4		
8	表面无明显损伤	损伤或凹凸一处扣 1 分累计扣分	3		
9	（1）正确执行安全操作规程；（2）做到岗位责任制和文明生产的要求	违反规定扣 1~3 分	3		
记载	监考人		总分		

材料、设备和工具清单 表 2

序号	名 称	型号规格	数量	单位	备注
1	Q235	∠50×50×5	600	mm	
2	直流焊机		1 台/考场		
3	焊工工具		1 套/考场		

序号	名　　称	型号规格	数量	单位	备注
4	手锤	1.5P 或 2P	1	把	
5	划规	$L = 300mm$	1	把	
6	划针		1	把	
7	钢板尺	$L = 300mm$, $L = 600mm$	各 1 把		
8	钢卷尺	2.5m	1	把	
9	钳台	带老虎钳或平口钳	1	个	
10	薄钢板剪刀或电动剪		1	把	
11	样冲		1	个	
12	木榔头		1	把	

第三部分　高级铆工

3.1　选择题

1. 较长的机件沿长度方向的形状一致,如轴、杆等,可采用
(A)。
　　A. 断开画法　B. 断面画法　C. 局部画法　D. 缩短绘制
2. 图纸大小有相应的 (D) 标准。
　　A. 企业　B. 行业　C. 机械制图　D. 国家
3. 工程施工时使用的完整技术图纸称为 (B)。
　　A. 图纸　B. 图样　C. 工艺图　D. 施工图
4. 图样是工程的 (A)。
　　A. 语言　B. 技术要求　C. 准则　D. 规则
5. 图样中极限尺寸就是 (D)。
　　A. 基本尺寸　B. 实际尺寸
　　C. 实测尺寸　D. 允许尺寸变动的两个界限值
6. 在孔和轴的配合中,基准轴公差带位于零线的 (B),上偏差
为零。
　　A. 上方　B. 下方　C. 左方　D. 右方
7. (A) 就是允许的尺寸变动量。
　　A. 尺寸公差　B. 公差　C. 形状公差　D. 位置公差
8. 对精度要求较高的零件,不仅要保证 (C) 公差,还要保证
形状和表面、轴线等基准相对位置的准确性。
　　A. 形状　B. 位置　C. 尺寸　D. 形位
9. (A) 应从技术要求和相关技术参数里了解。

A. 加工工艺　B. 加工方法　C. 组装工艺　D. 施工工艺

10. 形位公差是限制（D）变动的区域。

A. 尺寸　B. 形状　C. 位置　D. 误差

11. 零件的形位公差可由尺寸公差、加工精度和（A）予以保证。

A. 加工方法　B. 加工工艺　C. 生产工艺　D. 工艺过程

12. 在形位公差中符号∠代表（A）。

A. 倾斜度　B. 角度　C. 位置度　D. 平面度

13. 零件或构件的（D）简称形位公差。

A. 方位公差和几何形状　B. 部分形状和方位公差

C. 表面形状和位置公差　D. 位置公差和断面形状

14. 机械制造业中，一般将密度大于（C）的金属称为重金属。

A. $3g/cm^3$　B. $4g/cm^3$　C. $5g/cm^3$　D. $6g/cm^3$

15. 金属材料抵抗冲击载荷作用而不被破坏的能力称（C）。

A. 韧性　B. 冲击韧性　C. 冲击韧度　D. 伸长率

16. 对不同加工工艺方法的适应能力是指金属材料的（D）性能。

A. 工艺　B. 焊接　C. 铸造　D. 切削

17. 冷作模具具有较高的硬度和耐磨性，一定的韧性和抗（C）等特性。

A. 蠕变　B. 变形　C. 疲劳　D. 氧化

18. 中温回火后的材料具有较高的弹性极限和（B）。

A. 强度极限　B. 屈服极限　C. 耐磨性　D. 热硬性

19. 金属材料的可锻性包括（C）和变形抗力等。

A. 韧性　B. 强度　C. 塑性　D. 硬度

20. 淬火能提高钢的强度、硬度和（B）。

A. 韧性　B. 耐磨性　C. 刚度　D. 细化晶粒

21. （D）一般是錾子的回火温度。

A. 200 ~ 250℃　B. 180 ~ 250℃

C. 180 ~ 240℃　D. 200 ~ 240℃

22. 回火的主要目的是减少或削除淬火应力，防止变形与开裂（A）等。

　　A. 稳定工件尺寸　　B. 改变金相组织

　　C. 提高强度　　　　D. 提高韧性

23. 在热处理中，低温回火后的材料具有高硬度和高（B）。

　　A. 屈服强度　　B. 耐磨性　　C. 强度极限　　D. 弹性极限

24. 在热处理中去，正火工艺的主要特点是在（C）中冷却。

　　A. 水中　　B. 随炉　　C. 空气　　D. 油中

25. 铸、锻、焊接件及冷冲压件的退火主要用于（B）组织、减少和消除残余应力。

　　A. 改变　　B. 改善　　C. 控制　　D. 调控

26. 塑料的机械强度较低，耐热散热性较差，而热膨胀系数（C）。

　　A. 很大　　B. 很小　　C. 较大　　D. 较小

27. 天然橡胶加硫磺硫化后，在硫的含量较少时，橡胶比较（D）。

　　A. 耐酸碱　　B. 耐油　　C. 容易成形　　D. 柔软

28. 一般陶瓷脆性大，受力后不易产生（A）变形。

　　A. 塑性　　B. 弹性　　C. 扭曲　　D. 弯曲

29. 复合材料的性能一般都能（D）发挥各种材料优势。

　　A. 减轻重量　　B. 耐腐蚀　　C. 减摩耐磨　　D. 扬长避短

30. 平面截切几何形体，在截切位置便能得到几何形体的一个（C）。

　　A. 截面　　B. 投影　　C. 平面　　D. 曲面

31. 在放样展开中，有时为了达到求实长或实形的目的，往往采用划出几何形体特殊位置截面的方法，这种方法称为（B）。

　　A. 局部放大法　　B. 辅助截面法　　C. 相贯线法　　D. 剖切法

32. 截面是封闭的（C）图形。

　　A. 曲面　　B. 平面　　C. 任意　　D. 正面

33. 在平面截切圆柱时，截切平面平行圆柱轴的截面是（D）。

A. 圆形　B. 椭圆形　C. 正方形　D. 矩形

34. 平面截切斜圆锥，当截切平面平行斜圆锥底面时，截面一定是（B）。

　　A. 椭圆形　B. 圆形　C. 三角形　D. 等腰三角形

35. 当截切平面与某投影面平行时，在这个投影面上可反映出物体截面的（B）。

　　A. 实长　B. 实形　C. 相似形　D. 投影

36. 螺旋面是不可展曲面形成螺旋面的素线是（C）。

　　A. 曲线　B. 单向弯曲曲线　C. 双向弯曲曲线　D. 直线

37. 圆钢构件弯曲时，其展开长度一般都可以（B）长度计算。

　　A. 里表层　B. 轴心线　C. 外表层　D. 平行层

38. 最小弯曲半径是指弯曲工件的（A）半径 R 所允许的最小值。

　　A. 内弯曲　B. 外弯曲　C. 弯曲中心　D. 以上都不是

39. 冷作钣金产品一般体积较大（A）较差，易变性。

　　A. 刚性　B. 韧性　C. 弹性　D. 缩性

40. 展开棱台体、圆台体一般用（B）法。

　　A. 旋转　B. 放射线　C. 平行线　D. 三角形

41. 去角度样板放样时可根据实际情况采取（D）比例。

　　A. 2：1　B. 1：2　C. 1：5　D. 一定

42. 平行法适用于素线相互（B）的构件的展开。

　　A. 垂直　B. 平行　C. 倾斜　D. 交叉

43. 加工成型是按放样划的轮廓线，进行（A）并加工成一定形状。

　　A. 切割分离　B. 焊接　C. 拼接　D. 矫正

44. 构件相邻两条素线构成一个平面或单向弯曲的曲面是（A）表面。

　　A. 可展　B. 不可展　C. 近似展开　D. 拉直展开

45. 冷作钣金工施工中一般在图样上通常不予标出需要拼接的构件，这就需要按（C）合理安排拼接方式。

A. 实际情况　B. 进料情况　C. 技术情况　D. 受力情况

46. 冷作钣金工在划线过程中通常较短直线采用直尺划出，而较长直线一般用（D）。

A. 长直尺划出　B. 延长线　C. 分段划出　D 粉线弹出

47. 装配连接是将成形后的零件或构件按（C）要求进行组装。

A. 图纸　B. 图样　C. 技术　D. 工艺

48. （B）放样、展开放样是最基本、应用最广的。

A. 比例　B. 实尺　C. 作图　D. 计算机

49. 画（A）图的过程称为展开放样。

A. 展开　B. 视　C. 主视　D. 放样

50. 放样可以作为制造样板，加工和（C）工作的依据。

A. 拼接　B. 组对　C. 装配　D. 连接

51. 对一些不可展曲面进行近似展开，大多采用的是（A）法。

A. 三角形　B. 放射线　C. 平行线　D. 旋转

52. 直径在 8mm 以下的钢制铆钉，铆接时一般情况下用（A）。

A. 手工冷铆　B. 铆钉枪冷铆　C. 热铆　D. 机械铆

53. 润滑脂的黏度比润滑油的黏度（A）。

A. 大　B. 小　C. 一样　D. 相等

54. 卷板机主要是对板料进行连续（C）点弯曲的成形设备。

A. 一　B 二　C. 三　D. 四

55. 前刀刃的（C）做成倾斜面，形成后角，可减少剪切过程中切削刃与材料的摩擦。

A. 右面　B. 左面　C. 后面　D. 前面

56. 砂轮机开始切割时不能用力过猛，待型材温度到达（C）后，再均匀进行完成切割。

A. 高温　B. 要求　C. 熔点　D. 燃点

57. 砂轮机开始切割时，砂轮片与型材处在（B）状态。

A. 切削　B. 磨削　C. 接触　D. 旋转

58. 液压弯管机中弯管模的旋转是由（B）推动的。

A. 机械部分　B. 液压油缸　C. 压力　D. 传动

59. 龙门剪床根据传动机构布置的位置分（A）两种。

　　A. 上传动和下传动　　B. 平口和谐口

　　C. 立式和卧式　　　　D. 凸轮和连杆

60. 杠杆夹具是利用（D）原理加紧工件的。

　　A. 力矩　B. 力臂　C. 支点　D. 杠杆

61. 通常割件表面预热火焰的焰心（D）mm。

　　A. 2～3　B. 2～5　C. 3～4　D. 3～5

62. 圆盘剪床既能剪曲线，也能剪（C），又可以完成切圆孔等加工。

　　A. 正方形　B. 三角形　C. 直线　D. 折线

63. 起吊时，随着绳与绳的（A），起吊的重量将减少。

　　A. 夹角增大　B. 夹角减小　C. 垂直　D. 平行

64. 内拉是指剪切较长板料时，板料内刀刃内（C）的现象。

　　A. 翻翘　B. 变形　C. 旋转　D. 扭曲

65. 螺旋夹具是依靠（D）起夹紧作用的。

　　A. 螺纹　B. 螺旋面　C. 螺距　D. 螺杆

66. 找正划线方法（A）借料划线方法。

　　A. 次于　B. 优于　C. 用于　D. 不同于

67. 当坯料尺寸、形状、位置上的误差和缺陷难以用找正的方法补救时，就是要用（A）的方法来解决。

　　A. 借料　B. 排料　C. 重新划线　D. 合理布局

68. 作图时当圆弧的半径很大时可用（D）来求作。

　　A. 画弧法　B. 展开法　C. 找圆心法　D. 描点法

69. 工件有较多加工平面时，应选择（D）或加工精度较高的平面作为划线基准。

　　A. 便于加工　B. 加工余量较大

　　C. 加工完毕　D. 加工余量较小

70. 套螺纹时螺纹大径应（A）圆杆的直径。

　　A. 略大于　B. 略小于　C. 等于　D. 小于

71. 套螺纹前应将圆杆端倒入锤角，锤体的最小直径应比（A）

略小。

A. 螺纹小径　B. 螺纹大径　C. 螺母直径　D. 用力摩擦

72. 在粗锉时应充分使用锉刀的有效（C），既可提高锉削效率，又可避免锉齿局部磨损。

A. 长度　B. 距离　C. 全长　D. 尺寸

73. 锉刀不可锉毛坯上的硬皮及经过（B）的工件。

A. 淬火　B. 淬硬　C. 调质处理　D. 回火

74. 錾削曲面上的油槽是，錾子的倾斜度要随着曲面不断调整始终保持有一个合适的（C）。

A. 角度　B. 倾度　C. 后角　D. 前角

75. 立体划线时可用（C）确定孔形零件的中心。

A. 高度尺　B. 划规　C. 定心架　D. 划线盘

76. 毛坯上有不加工表面时，应按（B）表面找正后再划线。

A. 加工　B. 不加工　C. 垂直　D. 水平

77. 图样拆绘要点不包括（C）。

A. 各部件连接处不宜太复杂

B. 通常采用加放余量法处理

C. 尺寸较小的构件一般按实际尺寸放样后确定

D. 尺寸较大的构件一般按实际尺寸放样后确定

78. 构件备料估算时，不同材料的计算方法不同，一般板料按面积计算，其材料是标准、规格化的（B）。

A. 三角形　B. 矩形　C. 梯形　D. 圆形

79. 由于冷作钣金工的加工对象和加工工艺的特殊性，需要将成套冷作板构件或部件图样进行分析，并拆绘成便于加工的简单部件图或（A）图样。

A. 零件　B. 平面　C. 机构　D. 立体

80. 构件备料估算时，型材、管材等因其截面是一定的，则按（D）计算。

A. 宽度　B. 面积　C. 厚度　D. 长度

81. 焊接后每米的纵向收缩最近似值为（D）mm 的是纵向对接

焊缝。

    A. 0. 3 ~ 0. 4   B. 0. 2 ~ 0. 3   C. 0. 1 ~ 0. 2   D. 0. 15 ~ 0. 3

82. 管材矫正时其（C）的变形是预防的重点。

    A. 椭圆   B. 管壁厚   C. 截面   D. 矫正过量

83. 一般在（B）状态下采用手工或机械矫正的是低合金结构钢。

    A. 加热   B. 常温   C. 高温   D. 低温

84. 碳素钢椭圆形封头压延后的减薄量最大处约为原厚度的（A）。

    A. 8% ~ 10%   B. 6% ~ 8%   C. 6% ~ 10%   D. 7% ~ 9%

85. 造成构件尺寸缩小和变形的主要原因是焊接时材料的（A）。

    A. 热胀冷缩   B. 焊接应力   C. 材质   D. 尺寸大小

86. 材料的（C）增大焊缝收缩量也随之增大。

    A. 合金含量   B. 收缩系数   C. 膨胀系数   D. 含碳量

87. 一般淬硬倾向和（D）均较小的材料适合各种冷热矫正。

    A. 合金含量   B. 含碳量   C. 含锰量   D. 冷作硬化倾向

88. 球形封头压延后最大变薄量的位置在（A）。

    A. 底部   B. 边缘   C. 中上部   D. 侧边

89. 薄板产生失稳现象的原因是矫正时受到（A）。

    A. 压应力   B. 弯曲应力   C. 断裂应力   D. 应力

90. 管材矫正是其（B）的变形为主。

    A. 减薄量   B. 截面   C. 壁厚   D. 椭圆度

91. 正圆柱螺旋面，一般用（B）作展开图。

    A. 旋转法或放射线法   B. 直角梯形法或简单展开法

    C. 放射线法或三角形法   D. 三角形法或简单展开法

92. 弯管在投影的二视图上反映（A）的实际长度，但不反映弯管的实际夹角的弯管是第一类立体弯管。

    A. 各段   B. 二段   C. 一段   D. 某几段

93. 异径渐缩五通管的相贯线在主、俯视图上都集中于（B）上。

A. 五个圆 B. 中心线 C. 大管 D. 小管

94. 平行于投影面的多通接管可（A）求作其相贯线。

A. 直接 B. 用切面法 C. 用辅助圆 D. 用辅助法

95. 将立体弯管归纳成（A）种类型是根据其在图样上的投影特征划分的。

A. 3 B. 4 C. 6 D. 9

96. 多接管平行投影面时可（D）求作其相贯线。

A. 用辅助圆 B. 用辅助切面法 C. 连接投影面 D. 直接

97. 构件不可展表面的素线呈（B）状或双向为曲线，不能自然平整地展开在一个平面上。

A. 平行 B. 交叉 C. 倾斜 D. 垂直交错

98. 裤形三通管的相贯线一般采用（C）法求得。

A. 划线 B. 等分圆周 C. 切线 D. 放射线

99. 所谓立体弯管就是管子的弯头在空间弯曲时不在一个（D）的弯管。

A. 空间内 B. 直线内 C. 曲面内 D. 平面内

100. 剪切下料时，剪切后工件的切断断面应与材料表面（B）。

A. 平行 B. 垂直 C. 重合 D. 平齐

101. 剪切后工件的尺寸与号料线的允许偏差是随着工件的尺寸增大而（A）的。

A. 增大 B. 减小 C. 不变 D. 不确定

102. 按板厚的（A）进行估算，调整剪刀片间隙进行剪切。

A. 2%～7% B. 5%～8% C. 3%～5% D. 3%～7%

103. 板厚、刀片间隙、刀片锐利程度、（D）都是剪切中影响材料硬化区的因素。

A. 剪切力、剪切速度 B. 剪切形式、上刀刃斜角

C. 剪切速度、压紧力 D. 上刀刃斜角、压紧力

104. 切口附近金属受剪切力作用发生（B）而产生塑性变形，这是在材料剪切过程中产生的。

A. 内拉变形 B. 挤压弯曲 C. 内拉弯曲 D. 挤压变形

105. 龙门剪床剪刀片的间隙、（A）等是其调整的主要内容。

　A. 压料力　B. 电机功率　C. 压料装置　D. 刀片斜度

106. 刀片间隙为（C）mm 时，可剪切 Q235 碳钢板厚 2～6mm。

　A. 0.1～0.40　B. 0.1～0.3　C. 0.1～0.42　D. 0.1～0.2

107. 硬化区宽度在（D）mm 之间的被剪钢板厚度一般小于 25mm。

　A. 2.5～3.5　B. 3.5～4.5　C. 1.5～3.5　D. 1.5～2.5

108. 冲裁件金属剪切时受（B）作用，金属纤维断裂而形成了断裂带。

　A. 拉应力　B. 断裂应力　C. 回弹力　D. 延伸力

109. 构件断面上形成（C）的原因是冲裁间隙过小。

　A. 第一光亮带　B. 断裂带减小

　C. 第二光亮带　D. 断裂带增加

110. 冲裁是凸模处的裂纹（A）扩展的原因是冲裁间隙过小。

　A. 在间隙内　B. 向外　C. 向里　D. 向中间

111. 冲裁件尺寸与凹模尺寸不一致的原因是冲裁结束后的（C）。

　A. 尺寸精度　B. 冲裁精度　C. 回弹现象　D. 板材厚度

112. 冲裁时材料的弹性变形量（C），其相对厚度越大。

　A. 速度越快　B. 变化越小　C. 越小　D. 越大

113. 切割厚度可达（A）mm 是等离子弧切割。

　A. 150～200　B. 100～200　C. 100～150　D. 200～300

114. 一般光电跟踪自动切割机只能切割小于（A）m 的零件。

　A. 1　B. 2　C. 3　D. 4

115. 切口（D）、切割质量好、切速高、热影响小、工作变形小是等离子弧切割的特点。

　A. 无挂渣　B. 熔化快　C. 无氧化　D. 较窄

116. 可以省去在钢板上（C）的工序时光电跟踪自动气割的特点。

　A. 绘图　B. 划线放样　C. 划线　D. 定位

117. （C）、切割速度太慢、割嘴与割件太近是气割时产生上缘熔化的主要原因。

　　A. 切割压力太低　　B. 氧气压力过大

　　C. 预热火焰太强　　D. 切割压力太高

118. 利用（C）等离子焰流将切口金属及氧化物熔化并其吹走的过程是等离子切割。

　　A. 高压弧柱　　B. 低压高温　　C. 切割速度　　D. 风线

119. 气割平面度、切口纹深度和缺口（B）三项参数指标是评定切割质量的标准。

　　A. 角度　　B. 最小间隙　　C. 焊渣脱落程度　　D. 宽度

120. 被测切割切面的最高点和最低点，按切割（B）作两条平行线的距离是气割面平面度。

　　A. 宽度　　B. 方向　　C. 垂直方向　　D. 厚度

121. 气割时氧气压力过高和（B）是产生内凹的主要原因。

　　A. 切割速度过慢　　B. 切割速度过快

　　C. 火焰能率太弱　　D. 火焰能率太强

122. 光电跟踪切割机由光电跟踪台和（B）组成。

　　A. 自动气割装置　　B. 自动切割机

　　C. 纵横向传动机构　　D. 架体

123. 可以切割任何高熔点金属、有色金属和（D）的是等离子弧。

　　A. 电木　　B. 腈纶　　C. 陶瓷　　D. 非金属材料

124. 造成气割缺陷的原因是工艺参数选择错误或（B）。

　　A. 割嘴选择错误　　B. 操作不当

　　C. 材质不对　　D. 氧气过大

125. 等离子切割一般厚度工件时，喷嘴与工件的距离为（B）mm。

　　A. 6～10　　B. 6～8　　C. 8～12　　D. 8～10

126. 气割质量要求使气割切口间隙较窄，且宽度一致、切口边缘（D）未熔化或熔化很小。

A. 两侧   B. 一侧   C. 中心   D. 棱角

127. 等离子弧切割的特点是切割质量好、切速高、切口（D）、热影响小、工作变形小。

A. 熔化快   B. 表面光滑   C. 较宽   D. 较窄

128. 数控切割机是利用（D）控制自动切割系统，按预定的切割程序进行切割。

A. 软件   B. 程序   C. 驱动装置   D. 计算机

129. 手工成形折弯件产生旁弯的原因是折弯线（D）锤击过多，使纤维伸长而引起的。

A. 一边   B. 两端   C. 内侧   D. 外侧

130. 手工成形筒形构件产生束腰的原因是（D）锤击过多，而使纤维伸长。

A. 中间   B. 一侧   C. 一端   D. 两端

131. 手工成形时产生局部凸起的原因是垂直与表面不垂直或锤击力（A）。

A. 过大   B. 过小   C. 方向偏离   D. 不均匀

132. 一般锤击的（B）和顺序直接影响到手工成形的形状。

A. 力度、作用点   B. 方向、位置
C. 位置、力度   D. 方向、作用点

133. 手工成形时锤击线与弯曲基准线（C）是产生筒形构件歪斜的主要原因。

A. 交叉垂直   B. 交叉   C. 不平行   D. 不垂直

134. 手工成形筒形构件产生歪斜的原因是锤击线与弯曲基准线（B）。

A. 不垂直   B. 不平行   C. 距离太近   D. 距离太远

135. 手工成形折弯件锤击（B）时，坯料应贴铁砧是预防产生扭曲的主要措施。

A. 收边   B. 放边   C. 弯曲   D. 拔缘

136. 材料厚度＋材料（D）＋间隙系数×板厚是压弯模的单边间隙计算公式。

114

A. 抗剪强度　　B. 抗弯强度

C. 抗拉强度　　D. 厚度的上偏差

137. 对中方便，可以矫正（C）等缺陷是四辊卷板机的主要特点。

　　A. 扭曲、卷圆半径　　B. 束腰、歪斜

　　C. 扭斜、错边　　　　D. 卷圆曲率、错边

138. 机械弯管时对管子（B）较大、管壁较薄的管子一般采用有芯弯管。

　　A. 内径　　B. 直径　　C. 弯曲半径　　D. 弯曲回弹

139.（B）是不对称三辊卷板机的主要特点。

　　A. 剩余直边较大　　B. 剩余直边较小

　　C. 上辊筒受力较大　　D. 上辊筒受力较小

140. 弯曲零件内壁的圆角半径（A）单角压弯模凸模的圆角半径。

　　A. 等于　　B. 大于　　C. 小于等于　　D. 近似于

141. 衡量压延变形程度的一个重要参数是（B）。

　　A. 压延次数　　B. 压延系数　　C 材料刚度　　D. 材料强度

142. 凹凸模的（A）、凹模深度及模具的宽度等是单角压弯模工作部分的主要工艺参数。

　　A. 圆角半径　　B. 强度　　C. 硬度　　D. 刚度

143. 机械弯管时对于弯曲半径大于管子（D）倍的情况，通常采用无芯弯管方法进行机械弯曲。

　　A. 1　　B. 3　　C. 2. 5　　D. 1. 5

144. 压弯模的重要工艺参数是凸凹模之间的（B）。

　　A. 垂直度　　B. 间隙　　C. 结构尺寸　　D. 几何尺寸

145.（C）是对称三辊卷板机的主要特点。

　　A. 剩余直边较小　　B. 上辊筒受力较大

　　C. 剩余直边较大　　D. 下辊筒受力较大

146. 每次压延允许的（C）决定了零件的压延次数。

　　A. 抗压极限　　　　B. 强度极限

C. 极限变形程度　D. 抗拉极限

147. 压弯过程中防止上偏移的方法是采用压料装置或（B）。

A. 增大压力　B. 用孔定位　C. 调整间隙　D. 挡铁定位

148. 材料的（B）越好，压延系数可取得越小。

A. 弹性　B. 塑性　C. 硬度　D. 伸长率

149. 水火成形过程中，加热的终止点应距板边（A）mm 的余量，目的是为了避免板料边缘收缩时起皱。

A. 80～120　B. 80～130　C. 90～120　D. 70～120

150. 坯料退火处理后（B）、厚度和边缘表面质量等是影响橡皮成形过程中边缘开裂的主要因素。

A. 塑性　B. 硬度　C. 弹性　D. 强度

151. 单位加热（C）材料所得到的能量就是单位热输入。

A. 面积上　B. 宽度上　C. 长度上　D. 厚度上

152. 氧乙炔（A）的直径大小决定了火焰能率的强弱。

A. 烧嘴　B. 割据　C. 压力　D. 烧炬

153. （D）筒形件适用于旋压收口。

A. 厚板的闭式　B. 大直径的开式

C. 薄板的开式　D. 小直径的闭式

154. 橡皮成形凹曲线弯边开裂的原因是成形过程中毛坯边缘被拉伸程度超过材料的（B）。

A. 变形极限　B. 伸长率　C. 强度极限　D. 抗拉强度

155. 纵向焊缝所受应力要比环向焊缝所受的应力大（A）倍，这是圆柱形容器的焊缝的受力特点。

A. 1　B. 2　C. 1.5　D. 2.5

156. 超高压容器规定压力范围为（D）。

A. 0.1MPa < P < 1.6MPa　B. 1.6MPa < P < 10MPa

C. 10MPa < P < 100MPa　D. $P \geqslant$ 100MPa

157. （A）是球形容器的受力特点。

A. 受力均匀　B. 焊缝不均匀　C. 受力不均匀　D. 焊缝均匀

158. 筒节上管子中心线应距纵、环缝不小于（C）倍的管孔直径。

　　A. 1. 5　B. 1　C. 0. 8　D. 0. 5

159. （A）、划分部件、装配现场设备、零部件质量检查是装配的准备工作。

　　A. 熟悉图样　　　B. 熟悉分析图样

　　C. 尺寸链计划　D. 看部件图

160. 筒节组队时，两节筒体的纵缝错开距离应大于（B）倍筒节的厚度，且不小于100mm。

　　A. 2　B. 3　C. 5　D. 8

161. 支座装配后，其垫板与筒体必须（C），目的是为了保证整体的装配质量。

　　A. 先调整　B. 后调整　C. 先装焊　D. 后装焊

162. 油箱是（B）储液容器。

　　A. 负压　B. 常压　C. 中低压　D. 中高压

163. （C）、严格执行工艺路线和装配中的材料管理是装配的工作要领。

　　A. 分析图样、掌握装配工艺　B. 熟悉图样、掌握技术要求

　　C. 熟悉图样、掌握图样　　　D. 消除焊接应力

164. （C）是压缩空气储罐的主要特点。

　　A. 稳压和缓冲　B. 储存和储液

　　C. 储存和稳压　D. 储气和缓冲

165. 为防止在卷板过程中产生裂纹，下料时毛坯弯曲线应与钢板轧制方向（A）。

　　A. 垂直　B. 一致　C. 倾斜　D. 相反

166. 油箱的试漏方法有（D）、涂煤油等方法。

　　A. 渗透实验　B. 盛水打压　C. 空气实验　D. 盛水

167. 圆柱形容器的纵焊缝所受应力要比环向焊缝所受应力大（D）倍，是根据受力分析得出的。

　　A. 3　B. 2　C. 1. 5　D. 1

168. 下列焊接内部质量的主要形状缺陷不包括（D）。

A. 未熔透 B. 夹渣 C. 裂纹 D. 焊缝超宽

169. 不锈钢焊接时一般用（B），尽量采用较小的热输入进行焊接。

A. 熄弧 B. 短弧 C. 连弧 D. 灭弧

170. 焊接中未融合是指（A）未能融合。

A. 焊料与金属 B. 焊道与金属

C. 焊缝与金属 D. 母材之间

171. 焊接过程中熔渣清理不干净，焊接（C），焊速过大等是夹渣产生的原因。

A. 错边量太小 B. 错边量太大 C. 电流过小 D. 电流过大

172. 铝与铝合金焊接、镁与镁合金焊接、（A）焊接等都是有色金属的焊接。

A. 铍与铍合金焊接 B. 碳与碳 C. 硅与硅合金 D. 锌与锌

173. 焊接应力及（C）共同作用下产生了裂纹。

A. 淬硬倾向 B. 电弧过长 C. 其他致脆因素 D. 磁偏吹

174. 减少了焊缝工作截面和接头（D）主要原因是焊接中气孔的存在。

A. 强度 B. 塑性 C. 检验的致密性 D. 强度的致密性

175. 未焊透与未熔合缺陷是容易（B）的主要原因。

A. 焊道超宽 B. 引起裂纹 C. 产生咬边 D. 产生夹渣

176. 电弧稳定，焊接接头强度、（B）较好是钨极氩弧焊的特点。

A. 弹性、伸长率 B. 塑性、韧性

C. 强度、韧性 D. 塑性、强度

177. 焊条受潮、（C）、工件有污染是造成焊接中产生气孔的主要原因。

A. 电流不当 B. 间隙不当 C. 电弧过长 D. 电弧过短

178. 铝合金的主要合金元素是铜、镁、硅和（A）等。

A. 锌、锰 B. 铬、锰 C. 镍、钛 D. 钛、铬

179. （D）是铜的密度。

A. 9. 8g/cm³   B. 7. 8g/cm³   C. 8. 8g/cm³   D. 8. 9g/cm³

180. 焊接时接头的（C）未完全熔透就是未焊透。

　　A. 坡口钝边   B. 中部   C. 根部   D. 坡口角度

181. 对管子端部进行（B）及抛光打磨是胀接前的一项重要工作。

　　A. 热处理   B. 退火   C. 调质   D. 回火

182. （B）工作是胀接后的主要实验项目。

　　A. 煤油渗透检验和气压试验   B. 致密性检验和气压试验

　　C. 致密性检验和水压试验   D. 水压试验和气压试验

183. 铆钉周围出现过大的帽缘主要是钉杆太长，罩模（B）引起的。

　　A. 直径过大、铆接时间过长   B. 直径太小、铆接时间过长

　　C. 直径太小、铆接时间过短   D. 直径太大、铆接时间过短

184. 初胀时尽量选择（A）的胀接步骤。

　　A. 对称合理、变形大   B. 对称错开、变形大

　　C. 对称错开、局部变形小   D. 对称合理、变形小

185. 一般胀接后的水压试验压力为工作压力的（D）倍。

　　A. 3   B. 2. 5   C. 2   D. 1. 5

186. 材料（C）差，加热温度不当是铆钉头出现裂纹的主要原因。

　　A. 强度   B. 硬度   C. 塑性   D. 刚度

187. 掌握好焊接顺序和（D）是防止扭曲变形的主要措施。

　　A. 焊缝间隙   B. 焊缝宽度   C. 焊接电流   D. 焊接方向

188. 较厚材料的矫正方法一般采用机械矫正和（C）。

　　A. 水火矫正   B. 手工矫正   C. 火焰矫正   D. 千斤顶

189. 弯曲变形是由于焊缝的（C）引起的。

　　A. 高度   B. 焊接电流   C. 纵向收缩   D. 横向收缩

190. 角变形的产生是由于焊缝（A），上下不对称，焊缝横向收缩上下不均匀。

　　A. 截面形状   B. 间隙   C. 坡口角度   D. 坡口形式

191. 波浪变形主要表现在（A）时。

A. 焊接薄板　B. 焊接厚板　C. 热输入大　D. 热输入小

192. 矫正合金钢材料的变形是以（B）为主。

A. 机械矫正　B. 火焰加热　C. 手工矫正　D. 拉力矫正

193. 较薄板料的矫正一般采用手工矫正和（C）。

A. 火焰矫正　B. 压力矫正　C. 水火矫正　D. 机械矫正

194. 碳素钢材料一般不采用（A）矫正。

A. 锤展伸长法　B. 机械　C. 手工　D. 火焰

195. 焊件焊接后会造成构件尺寸的缩小和变形，当焊缝达到一定数量时，应在放样时加放焊接（A）。

A. 收缩余量　　　B. 纵向收缩余量

C. 横向收缩余量　D. 加工余量

196. 材料在成形或加热时会造成材料的（A）。

A. 厚度减小　B. 厚度增加　C. 减少　D. 增多

197. 大型球罐多采用（A）的方法。

A. 分瓣　B. 分带　C. 分块　D. 分片

198. 焊后对金属结构件消除应力处理应采用（C）热处理方法。

A. 淬火　B. 高温回火　C. 退火　D. 正火

199. 编制工艺规程首先要保证产品的（A）。

A. 质量　B. 低成本　C. 高效率　D. 进度

200. 在相同质量和材料的前提下，（B）结构的容积最大、承压能力最强。

A. 正方形　B. 球形　C. 椭圆形　D. 梯形

201. 定位焊用来固定各焊接零件之间的相互位置，以保证整个机构得到正确的（B）和尺寸。

A. 工作精度　B. 几何精度　C. 几何形状　D. 其他

202. 致密性试验的目的是为了检验结构（C）

A. 缺陷　B. 强度　C. 有无泄漏　D. 其他

203. 弯曲试验的目的是测定材料或焊接接头弯曲时的（A）。

A. 强度　B. 塑性　C. 刚性　D. 韧性

204. 对于焊缝内部缺陷的检查应采用（A）。

　　A. 超声波　B. 磁粉　C. 水压试验　D. 气压

205. 用特殊射线能穿透物质的特性并在穿透中表现出有一定规律的（B），进行检测的过程是射线检测。

　　A. 渗透性　B. 衰减性　C. 感光性　D. 增强性

206. 在底片上呈现一条（D）的黑直线特征的是未焊透缺陷。

　　A. 宽窄不一　B. 长短不一　C. 断断续续　D. 连续或断续

207. 焊缝内不准有裂纹、未融合、未焊透及（A）是射线检测Ⅰ级片的评定标准。

　　A. 条状夹渣　B. 2mm 以下气孔　C. 圆形夹渣　D. 咬边

208. 在底片上呈现为不同形状的（B）特征的是夹渣缺陷。

　　A. 圆形和多边形　B. 点或条状

　　C. 多边形和线形　D. 圆形或点状

209. γ 射线来源于镭、（A）等放射性元素。

　　A. 钴或铀　B. 钚或铀　C. 钨或钚　D. 钴或钚

210. 咬边和未融合在底片上黑色深度较深且靠近（B）的一侧。

　　A. 焊缝　B. 母材　C. 焊缝便面　D. 焊缝内部

211. 超声波探伤时缺陷的脉冲和被测件底面反射的脉冲有（D）上的差异。

　　A. 曲线形状　B. 曲线高度　C. 曲线宽度　D. 时间

212. 压力试验属于（C）。

　　A. 破坏性试验　B. 有损试验

　　C. 无损试验　D. 轻微损伤试验

213. 焊缝质量根据缺陷数量的多少和大小，分为（B）级。

　　A. 五　B. 四　C. 三　D. 二

214. 利用超声波对介质两界面发生（C）的特性进行检测的是超声波探伤。

　　A. 反射和映射　B. 照射和反射

　　C. 反射和折射　D. 折射和照射

215. 焊缝内不准有（B），双面焊和加垫板的单面焊中不准有未

焊透是射线探伤中 Ⅱ、Ⅲ级片的评定标准。

　　A. 夹渣、未融合　　B. 未融合、裂痕

　　C. 气孔、夹渣　　　D. 裂纹、夹渣

216. 超声波是一种在金属中传播的高频率，其频率为（D）。

　　A. 35000　　B. 30000　　C. 25000　　D. 20000

3.2　判断题

1. 一般零件用三个视图就能完全表达其全貌。（√）

2. 断开画法属于视图其他表示方法中的一种。（√）

3. 图纸的幅画有 5 种，必要时可以加长。（×）

4. 互换性要求工件具有一定的加工精度。（√）

5. 零件在加工中允许在一个范围内存在误差，这个允许的变动量称为加工误差。（×）

6. 国家标准规定配合有三种基准制。（×）

7. 表面粗糙度对使用等性能没有直接的影响。（×）

8. 表面粗糙度是指零件加工后表面微观的不平度。（√）

9. 碳钢中的 45 号钢一般可用于制造机床主轴。（√）

10. 通常为保持零件或工具的高硬度，高速钢淬火后不必进行回火处理。（×）

11. 中、低速成形刀具一般用碳素工具钢和合金工具钢制造。（√）

12. 一般刀具材料的硬度越高，耐磨性越好。（√）

13. 在工作情况下，一般材料的屈服点应低于零件工作时的应力。（×）

14. 塑料都是密度高，质量轻的材料。（×）

15. 一般复合材料是由两种或两种以上性质不同的材料组合而成的。（√）

16. 材料利用率是指材料上零件的面积与材料总面积之比。（×）

17. 画在平面上的基本视图称展开图。（×）

18. 由两个或两个以上的基本几何体组成的构件叫相贯体。（√）

19. 冷作钣金图样中有些不重要的简单零件则不予反映。（√）

20. 方圆接管一般用直角梯形法展开。（×）

21. 冷作钣金图样中有些零件尺寸不予标注，而是通过计算或放样求出的。（√）

22. 放射线法的开展原理是将构件表面由锥顶起作出一系列放射线。（√）

23. 直角三角形法是求实长线的唯一方法。（×）

24. QA34-16型联合冲剪机的传动部分在机架的下部。（√）

25. 气割的设备和工具有氧气、乙炔、钢瓶、减压阀、橡胶管、割炬。（×）

26. 上辊倾斜的矫正机常用于中薄钢板的矫正。（√）

27. 对于剪切常用的碳钢板，刀片间隙为材料厚度的2%~7%。（√）

28. 龙门剪床上下刀刃之间的间隙对剪切厚度没有影响。（×）

29. 多辊式斜辊矫正机的工作部分是由一系列轴线呈一定角度分布的双曲线压辊所组成。（√）

30. 用铆接机冷铆时，铆钉直径最大不超过20mm。（×）

31. 圆盘剪床既能剪直线，也能剪曲线，又可完成切圆孔等加工。（√）

32. 找正就是利用工具使工件的坯料表面都处于合适的位置。（√）

33. 划线时的找正就是对于工件的找正。（×）

34. 立体划线的基准一般取三个。（√）

35. 借料划线时应首先测出毛坯的尺寸大小。（×）

36. 在立体划线中，划线基准是根据"保证尺寸、兼顾其他"的原则确定的。（×）

37. 划线平台属于划线工具。（√）

38. 冷作钣金工需要将成套冷作板构件或部件图样进行分析，并拆绘成便于加工的简单部件图或零件图样。（√）

39. 封头为椭圆封头，有上下两个，下封头开有圆孔与管接头相连，一般采用冷压成形。（×）

40. 按分拆零件尺寸及公差制造零件，经组合装配后，部件尺寸应在技术要求所规定的尺寸和公差范围内。（√）

41. 低合金结构钢一般适用于在加热状态下的手工或机械矫正。（×）

42. 气割各种厚度材料时，刨、铣加工的最小余量是 5mm。（×）

43. 第一类立体弯管在投影的二视图上反映弯管各段的实际长度和弯管的实际夹角。（×）

44. 方圆三节 90° 渐缩弯管相贯线的位置由 90° 角三等分而得，它的长度则要通过重合断面图求得。（√）

45. 偏斜交相贯构件是指组成相贯体的基本几何轴线斜交或偏离的构件。（√）

46. 锯立体弯管在图样上的投影特征可分为两种类型。（×）

47. 剪切过程中影响材料硬化区的因素有板厚、刀片间隙、剪切力、刀片的锐利程度、压紧力等。（×）

48. 剪切过程中压料力大小不足以平衡离口力，易产生内拉现象。（√）

49. 在剪切过程中，会由于切口附近金属受剪切力作用发生挤压扭曲而产生塑性变形。（×）

50. 剪切过程中压料力大小不足以平衡离口力，易产生弯曲现象。（×）

51. 凸凹模间隙对冲裁件的断面质量的影响较大。（×）

52. 一般凸凹模间隙对冲裁件的尺寸精度影响很大。（√）

53. 冲裁时，材料的回弹性变形量取决于材料的塑性。（×）

54. 用冲裁所得零件的断面有两个明显的区域。（×）

55. 材料的相对厚度越小，冲裁时弹性变形量越小。（×）

124

56. 冲裁结束后的冲裁尺寸精度代销造成冲裁件的尺寸与模尺寸不一致。（×）

57. 等离子弧切割厚度可达 180～400mm。（×）

58. 等离子弧切割厚度可达 150～200mm。（√）

59. 等离子切割电源基本上都是交流电源。（×）

60. 气割面平面度 μ 是指过被测部位切割面的最高点和最低点，按切割方向所作两条平行线的间距。（√）

61. 气割钢板时产生内凹的原因是切割压力过高。（×）

62. 气割后氧化渣不易脱落表面气割断面质量较好。（×）

63. 数控切割省去了划线、放样、号料等工序，能够直接切割出符合图样要求的零件。（√）

64. 手工成形折弯件产生旁弯的原因是折弯线外侧锤击过多，使纤维伸长而引起的。（√）

65. 手工成形折弯件产生扭曲的预防措施是锤击放边时，坯料应贴紧铁砧。（√）

66. 手工成形的形状正确与否一般与锤击的力度、位置和顺序有关。（×）

67. 手工成形折弯件产生扭曲的预防措施是锤击收边时，坯料应贴紧铁砧。（×）

68. 压弯过程中防止上偏移的方法是采用压料装置或用孔定位。（√）

69. 不对称三辊卷板机的主要特点是剩余直边小。（√）

70. 对称式三辊卷板机的主要特点是剩余直边较小。（×）

71. 接卸弯管对管子弯曲半径较大、管壁较薄的管子一般采用有芯弯管。（×）

72. 零件压延次数取决于每次压延时允许的极限变形程度。（√）

73. 机械弯管时，对于弯管的弯曲半径大于管子直径的 2.5 倍时，通常采用无芯弯管方法进行弯曲。（×）

74. 材料在压弯过程中，沿凹模圆角两边产生的压力相等时，材

料就会沿凹模左右滑动产生偏移。（×）

75. 双角压弯模的主要工艺参数包括凸凹模的圆角半径、凹模深度、凸凹模之间的间隙及模具宽度等。（√）

76. 双角压弯模的主要工艺参数包括凸凹模的几何尺寸、凸凹模之间的间隙及模具宽度等。（×）

77. 对于制造鼓形空心旋转体零件一般采用压延成形。（×）

78. 火焰能率主要取决于氧乙炔的压力的大小。（×）

79. 水火弯曲成形加热方式一般采用线状加热。（√）

80. 旋压一般用于加工厚度在 3mm 以下的有色金属。（√）

81. 装配的工艺要领包括熟悉图样、掌握技术标准、严格执行工艺路线和装配中的材料管理。（×）

82. 根据受力分析，圆柱形容器的纵向焊缝所受应力要比环向焊缝所受应力大 1.5 倍。（×）

83. 压力容器根据其中工作压力的高低可分为常压、低压、中压、高压和超高压。（×）

84. 电动机底座装配后焊接各焊缝高为厚件的厚度。（×）

85. 不锈钢焊接时一般用长弧，尽量采用较小的热输入进行的特点。（×）

86. 为保证整体装配质量、支座装配后其垫板与筒体必须后装焊。（×）

87. 铆钉头出现裂纹的原因主要是材料韧性差，加热温度不当。（×）

88. 夹渣产生的原因是焊接过程中熔渣清理不干净，焊接电流太大，焊速过大等。（×）

89. 裂纹，是在焊接时一般用长弧，尽量采用较小的热输入进行焊接。（×）

90. 铆钉头形成凸头主要是罩模直径过小，钉杆胀肚不足所造成。（×）

91. 初胀时尽量选择对称错开变形小的胀接步骤。（×）

92. 铆钉周围出现过大的帽缘主要是由于钉杆太长，罩模直径过

126

大，铆接时间过长引起的。（×）

93. 角变形主要是由于焊接坡口形式上下不对称，焊缝横向收缩上下不均匀而产生。（×）

94. 扭曲变形的预防措施主要是掌握好焊接顺序和焊接电流。（×）

95. 弯曲变形是由于焊缝的横向收缩引起的。（×）

96. 碳素钢材料应采用机械矫正和反向扭曲法矫正。（×）

97. 碳素钢材料一般可采用手工、机械和火焰矫正。（√）

98. 合金钢材料的矫正方法以手工矫正为主。（×）

99. 较薄板料的矫正一般采用手工矫正和水火矫正。（√）

100. γ 射线能照透 300mm 钢板（√）。

101. 射线探伤Ⅱ、Ⅲ级片焊缝内不准有裂纹、未融合，双面焊和加垫板的单面焊中不准有夹渣（×）。

102. 气孔在底片上多呈现圆形和条形黑点（×）。

103. 射线探伤Ⅰ及焊缝内不准有裂痕、未融合、未焊透及条状夹渣（√）。

104. 无损探伤就是在不损坏检验对象的情况下，对焊接部位的缺陷进行探查的检验。（√）

105. 在射线检测中，有缺陷的部位所吸收的射线粒子比无缺陷的部位要多。（×）

106. 在各种无损探伤方法中，超声波探伤辨别缺陷的能力最强。（×）

107. 压力容器的气压试验必须在有关安全部门专业人员的监督下才能进行。（√）

108. 产品根据制造质量、试验结果报告和用户使用结果来进行分等的，分为优等品、一等品和合格品三个等级。（√）

109. 工艺规程是生产一线人员都必须要严格遵守执行的纪律文件。（×）

110. 编制工艺规程的原则是:在一定条件下,以最低的成本,最好的质量,可靠地加工出符合图样技术要求的产品。（√）

3.3 简答题

1. 图样拆绘的要点是哪些?

答:(1)当构件由若干部分组成时,各部件应用有一个比较规则,完整的轮廓外形,其连接处不宜太复杂,以便于部件的加工。检测,以及以后总体装配时的操作和保证构件的整体质量。

(2)图样上结合处的连接方式、接缝形式及原材料拼接等结构处理时,要根据技术要求、受力情况、加工工艺及生产条件等进行处理。如果结果处理要影响到技术要求,一定要通知有关技术部门进行技术处理,协调后才能进行加工。

(3)为保证部件的尺寸及公差、组成部件的各零件尺寸及公差应符合尺寸链的关系,即按分拆零件尺寸及公差制造零件,经组合装配后,部件尺寸应在技术要求所规定的尺寸和公差范围内。而由于冷作加工的特殊性,考虑到加工变形,焊接收缩等因素,部件间连接处尺寸,特别是大型构件,通常采用加放余量法处理,否则会因部件尺寸减小而使总体装配难度增加。

(4)对于图样上只有主要技术尺寸而零件尺寸不详的部件或构件,若结构简单、尺寸较小、总体尺寸要求不太高的通常可通过计算获得;而要求较高、尺寸较大的构件一般按实际尺寸放样后确定。

(5)对于切削加工部分(特别是大平面)、加热成形工件(如加热、热卷等)等削弱材料厚度的加工方式,应根据其加工情况,加放足够的加工余量,以防止构件成形或切削加工后厚度减小,造成构件的强度降低,影响产品的质量。

2. 备料估算有什么要求?

答:构件备料估计时,不同材料的计算方法不同。一般板料按面积计算,因为其材料是标准、规格化的矩形,所以计算时要将斜边、孔、切口等规整化(即实心化)成矩形,然后计算其面积；而型材、管材等因其截面是一定的，则按长度计算。如果构件备料按材料质量计算，则应在以上计算的基础上，进一步计算其质量。

3. 低合金结构钢矫正时应采用什么方法？

答：低合金结构钢常用于要求较高的结构材料，其牌号有Q390（15MnV）、Q345（16Mn）等，由于低合金结构钢含有固溶强化的合金因素，因此它与碳素钢相比，强度高，而塑性相当，但淬硬倾向和冷作硬化倾向较碳素钢材大。因而矫正时，一般在常温状态下采用手工或机械矫正。在热矫正和火焰矫正时，为防止产生淬硬现象，一般不采用快速的水冷却。

4. 薄板矫正时出现"失稳"现象的原因是什么？

答：薄板由于厚度较薄，如果矫正时让其受压应力，则极易产生失稳现象（板料发生弯曲），使矫正效果大大下降。所以薄板矫正以延伸其纤维长度为主，即将较短的纤维伸长，使它与较长纤维长度趋于一致，从而达到矫正的目的。

5. 构件焊接后引起尺寸变化和变形的主要原因是什么？

答：由于焊接时材料的热胀冷缩，焊接后会造成构件尺寸的缩小和变形，当构件上的焊缝有一定数量时，应在放样图上加放焊接收缩余量。不同焊缝、不同焊接方式收缩量各不相同，焊缝的纵向收缩和横向收缩的量也不相同，焊缝纵向收缩量随焊缝长度增加而增加。焊缝的横向收缩量一般大于纵向收缩量，而且还与板厚和坡口形式有关。

6. 焊缝收缩量与材料膨胀系数的关系怎样？

答：焊缝的收缩量随材料的膨胀系数的增大而增大，如不锈钢的收缩量要比碳素钢的收缩量大。此外，多层焊时，第一层的收缩量最大，第二层的收缩量约是第一层的20%，第三层大约是第一层的5%~10%，最后几层将更小。

7. 影响剪切断面质量的因素有哪些？

答：影响剪切断面的因素有：上下剪刀片的间隙s、剪刀刃磨损情况等。当剪刀片间隙较小、剪刀刃口很锋利时剪切后材料断面的光亮度较宽、粗糙的剪裂带较小；反之，剪刀片间隙较大、剪刀刃磨损严重时剪切断面的圆角带增加、光亮带减小、剪裂带较大同时毛刺增加。

8. 在剪切时影响材料硬化区的因素有哪些方面？

答：材料在剪切时硬化区的影响因素有：

（1）材料的力学性能。材料的塑性越好，则变形区域越大，硬化区的宽度也越大；反之，材料的硬度越高，则硬化区宽度越小。

（2）材料的厚度 δ。当厚度越大，则变形区域越大，硬化区宽度也越大，反之，越小。

（3）刀片的间隙 s。刀片的间隙越大则材料受弯情况越严重，所以，硬化区也越宽。

（4）上刀刃斜角 ϕ。斜角 ϕ 越大，但剪切同样厚度的材料时，若剪切力越小，则硬化区宽度也越小。

（5）刀刃的锋利程度。刀刃越钝，剪切力越小，硬化区宽度也增加。

（6）压紧装置的位置与压紧力。当压紧装置越靠近刀刃，而压紧力越大时，材料剪切时越不容易变形，相应的硬化区宽度也减小。

9. 要获得良好的剪切质量，如何调整剪床？

答：要获得良好的剪切质量，必须让剪床处于良好的工作状态，而不同剪床调整的方法不同，但调整的主要内容基本相同。如应用广泛的龙床剪床，其调整主要内容包括剪刀片的间隙、压料力等。

（1）刀片间隙调整。刀片间隙与材料的牌号、厚度有关，间隙的大小可查材料厚度与间隙的关系图，也可按厚度的2%～7%估算。

（2）压料力调整。压料装置的压力是通过调整压料弹簧的压缩量来实现的。调整时一般以剪切范围较厚的板料进行试剪，压料力调整至剪切的尺寸精度，保证表面质量在规定技术要求的偏差范围内。

10. 冲裁中材料的性质与弹性变形量有什么关系？

答：在冲裁过程中，材料会产生一定的弹性变形，冲裁结束后发生的回弹现象会造成冲裁件的尺寸与凹模尺寸不一致，从而影响冲裁件的尺寸精度。材料的弹性变形量取决于材料的性质。如果材料的塑性较好、弹性变形量较小，则冲裁后的回弹量也较小，因而零件的尺寸精度较高；如果材料的硬度较高、弹性变形量较大，则冲裁后尺寸精度较低。

11. 冲裁时，凸模和凹模的间隙对冲裁件有什么影响？

答：凸模和凹模的间隙对冲裁件的尺寸精度影响很大。落料时，如果间隙过大，材料除受剪切外，还产生拉伸弹性变形，冲裁后由于回弹而使零件尺寸有所减小，减小的程度随间隙增大而增大；如果间隙过小，材料除剪切外，还产生压缩变形，冲裁后由于回弹而使零件尺寸有所增大，增大的程度随间隙减小而增加。冲孔的情况与落料时相反，如果间隙过大，冲孔尺寸增大；间隙过小，冲孔尺寸减小。

12. 气割切口表面的质量有哪些要求？

答：气割后除形状、尺寸等符合技术要求外，其切口质量也应达到一定的要求：

（1）切口表面应光洁，切割纹应粗细一致。

（2）氧化焊渣容易脱落。

（3）切口缝隙较窄，且宽度一致。

（4）切口边缘菱角未熔化或熔化很小。

13. 气割时产生上缘熔化的原因有哪些？

答：气割时上缘熔化的产生原因有：

（1）预热火焰太强。

（2）切割速度太慢。

（3）割嘴离割件太近。

对应工艺措施是：

（1）控制好预热火焰。

（2）选用较快的切割速度。

（3）割嘴离割件的距离控制在 2～4mm。

14. 等离子切割时喷嘴与被切割件的距离对切割质量有什么影响？

答：喷嘴与工件之间的距离对切割效率及切口宽度有影响，距离过大，电弧在空间穿过的时间长，辐射热损耗加大，且弧柱扩散，切割速度将降低、切口加宽；距离过小，则容易引起喷嘴与工件短路，一般在不致造成短路的情况下，应尽量减小与工件距离。对于一般厚度的工件其距离为 6～8mm。当切割厚度大的工件时，喷嘴与工件之间的距离可增大至 10～15mm。割炬和割件表面应垂直，为了有利于排除焊渣，割炬可以保持一定的后倾角。

15. 手工成形的零件局部凸起的产生原因是什么？有哪些预防措施？

答：手工成形的零件局部凸起的产生原因是：

（1）锤击力度过大而引起局部凸起。

（2）锤子与表面不垂直。

预防措施是：

（1）锤子应与表面垂直，锤击力度合适。

（2）在整个弯曲长度内的锤击力度应均匀。

16. 材料压弯时防止偏移的方法有哪些？

答：防止偏移的方法是采用压料装置或用孔定位。弯曲时模具中的压料装置将板料的一部分压紧，并随凸模一起下行，使板料逐步成形。压料装置应比凹模平面稍高一些，通常为 2～3mm。压料装置有压料板和压料杆等形成，为提高其摩擦力，为压料板、压料杆或凸模的表面加工出纹齿、麻点或顶锥，以增加定位效果。此外，还可以利用工件上的孔和销轴进行定位，然后弯曲成形。

17. 什么是压延系数？压延系数与材料性能的关系怎样？

答：筒形件在压延前，坯料直径为 D，压延后制件的外径

为 d，则 d 与 D 的比值称为压延系数，通常用 m 表示，即 $m = d/D$。当材料与压延条件一定时，压延系数不能小于某一数值，否则会造成的起皱或破裂。如果采用一次压延不能满足要求时，就应采用多次压延。材料的塑性越好，压延系数 m 可取得越小。材料的相对厚度 δ/D 较大时，压延过程中不易起皱，所以 m 值可以较小。

18. 机械弯管与弯曲半径有什么关系？

答：空间弯管可采用手工弯管，也可采用机械弯管。对于数量较少的弯管一般采用手工弯管，而数量较多则用机械弯管。机械弯管时，对于弯管的弯曲半径大于管子直径 1.5 倍时，通常采用无芯弯管方法进行弯曲。

19. 橡皮凹曲线弯边开裂的主要原因是什么？

答：橡皮凹曲线弯边在同一圆心角内，被弯曲边缘毛坯的弧长比成形后边缘的弧长短，所以在成形的过程中，毛坯边缘要被拉而延伸。如果被拉伸程度超过材料的伸长度，则会因拉伸而开裂，弯边的高度越高，弧长差越大，也就是伸长率越大，边缘越是容易开裂。当然，开裂除伸长率超过外，还与其他因素有关。

20. 封头拼缝的规定有哪些？

答：封头的加工应尽可能采用整块钢板制成，如果没有整块材料（或压力较小的封头），可用 X 形坡口将两块半圆形钢板拼焊而成。拼缝位置必须布置在直径或弦的方向上，并且拼缝离封头的中心距离不应超过 $D/5$（D 为封头直径）。

21. 两节筒体组对时的焊缝要求是什么？

答：两筒接纵缝应错开距离。若钢板尺寸不够，需要对接时，每一筒节只允许有两条纵缝（即只允许两块拼成），但要注意新增加的纵缝位置应远离管孔和相临筒节的纵缝，相互错开的距离应大于 3 倍筒节的壁厚，且不小于 100mm。

22. 焊接时夹渣产生的原因是什么？

答：夹渣是焊接过程中焊渣清理不干净、焊接电流太小，焊速过大等因素造成的。夹渣是当熔化金属凝固时，焊渣来不及自溶池中浮出而残留在焊缝金属中形成的，具体原因是电弧及层焊时，由于前道焊缝的焊渣未清理干净等。

23. 焊接时，未焊透的概念什么？

答：未焊透是指焊缝时接头的根部未完全熔透。未焊透与未熔合是焊接过程中电流过小、焊缝过大、坡口角度过小、钝边太厚、间隙过小、焊条直径过大、焊条角度不正确、电弧偏移等因素造成。

24. 简述拉铆时铆钉孔直径与铆钉直径的尺寸关系。

答：拉铆时，铆钉孔直径应比铆钉直径大 0.1mm 左右，过大会影响连接强度，应根据芯棒的直径选定铆钉枪头的孔径，并锁紧导管位置螺母，使芯棒能自由插入导管的拉夹中。其内孔与芯棒选用间隙配合，然后将铆钉穿入孔中，套上风动拉铆枪，按动扳机，将芯棒拉断，全铆接即告完成。拉铆可铆接复杂的构件和容器，但拉铆必须应用于特制的抽芯铝铆钉，因此，仅用于轻载构件的连接。

25. 胀接程度检验的主要项目有哪些？

答：胀接程度的检验主要有检查胀接接头是否严密和胀接接头是否过胀两个方面。如胀接接头太松不严密，则水压试验时就会出现漏水、漏气现象。减压和降温后，根据所做的记号，对漏水、漏气的管子、管板复胀，直到胀紧为止。检查时，如果胀接接头过胀，则管子和管板的连接处的内表面会产生起皮、粗糙和压痕等现象，这样会影响管子和管板的工作寿命。一般应对此类管子进行拆除和更换，并再次通过水压和气压试验来复检更换后的管子是否漏水、漏气。有时这种水压和气压要进行二三次，直到无管子漏气、漏水为止。

26. 简述角变形与焊缝截面形状的关系。

答：角变形主要由于焊缝截面形状上下不对称，使焊缝横向收缩上下不均匀而产生的。特别是对 V 形坡口和 X 形坡口焊接时尤为突出，这主要是由于热量上、下分布不均匀而造成的。

对 T 形接头，则由于左右热量分布不均匀造成角变形。

27. 焊接时防止焊件扭曲变形的措施有哪些？

答：扭曲变形是由于焊接时焊接顺序和焊接方向不合理而引起的。焊缝偏离结构中性轴越远，则越容易产生弯曲变形，弯曲方向朝向焊缝一侧。焊接时预防扭曲变形的措施是要保证正确的焊接顺序和正确的焊接方向。

28. 简述合金钢材料的矫正方法。

答：合金钢材料由于塑性较差,刚度较大,对其出现变形后,如果直接采用手工矫正会出现断裂的现象。因此,使用的矫正方法以火焰矫正为主,如在火焰矫正的基础上再配以手工矫正或机械矫正,则效果更好,但有时由于材料规定温度的限制使加热温度不宜太高,必要时可采用先进行退火处理,达到一定的温度后再矫正的方法,这样即可保持其一定的刚度又可达到矫正的目的。在一般压力容器材料中,这种方法使用的最广泛。

29. 简述渗透探伤和荧光渗透探伤的特点。

答：渗透探伤和荧光渗透的特点是：设备简单、使用经济、显示缺陷直观和可以同时显示不同方向的各类缺陷。由于其不受材料磁性的限制，可以检查各种金属、非金属、磁性、非磁性材料及零件的表面缺陷。但这两种探伤方法的操作工序相对比较繁杂，而且只能检查受检部位位于表面的缺陷，对于表层以内的缺陷，渗透探伤和荧光探伤方法就无法检测出来了。

30. 磁粉探伤时如何使磁粉显现达到最佳程度？

答：磁粉痕迹的显现程度与磁力线方向有关，当缺陷是线状缺陷而磁力线与之垂直时显现最清楚；但当磁力线与线状缺陷平行，则不易显现。因此，变换磁力线的方向可以使磁粉显现达到最佳灵敏度。纵向充磁可灵敏地检测焊缝的横向裂纹，而横向充磁可灵敏地检测到焊缝的纵向裂纹。

31. 简述射线探伤呈现缺陷的衰减过程。

答：探伤时，射线透过被检测物体，使置于被测后的感光底片感光，通过暗房的显影处理，就可以显现出被检物的内部情况。如果被检物体内部完好、质地均匀，则射线通过物体的衰减程度无差异，底片上的感光也是均匀的；如果被检物内部存在缺陷，如有夹渣、气孔、裂纹等，则射线穿透时衰减的程度就不一样。有缺陷部位由于吸收的射线粒子较少，射线强度高于其他无缺陷的部位，相应的底边感光量大，显影后形成黑度较大，从而将被检物内部的缺陷显现出来。射线检测有 x 射线探伤和 γ 射线探伤两种。

32. 简述射线探伤Ⅰ、Ⅱ、Ⅲ级焊缝评定标准。

答：射线探伤的评定是根据检测对象，按国家相应的质量标准评定，如果根据国家有关标准，焊缝质量按其缺陷数量分成四级。射线探伤Ⅰ级焊缝评定标准为：焊缝内不准有裂纹、未熔合、未焊透以及条状夹渣等缺陷。

射线探伤Ⅱ、Ⅲ级焊缝评定标准为：焊缝内不准有裂纹、未熔合，双面焊和加垫板的单面焊中不准有未焊透缺陷。

焊缝中的气孔则以工件厚度和评定区域内数量进行分级。Ⅰ级焊缝中的气孔数量为最少，Ⅱ、Ⅲ级随之增加，超过Ⅲ级的定义为Ⅳ级焊缝。

33. 超声波探伤时对工件缺陷判断的依据是什么？

答：超声波探伤时，根据荧光屏上显示的第一始脉冲和第三底脉冲之间是否第二缺陷脉冲，以及三个脉冲之间的位置，判断被测件内是否有缺陷存在及缺陷在传播方向的位置。

34. 简述超声波脉冲探伤仪的基本结构。

答：通常用超声波探伤用超声波脉冲反射式探伤仪（简称超声波探伤仪）进行检测。探伤仪由超声波发生器、换能器、接收机和显示器四大部分组成。超声波发生产生高频脉冲电压；换能器将高频脉冲电压转换为超声波并向被检测物发射，同时探测反射的超声波；接收机的作用是放大接收的信号；显示器将放大的信号显示出来。

35. 什么是工艺过程？什么是工艺规程？工艺规程有哪些形式的文件？

答：改变生产对象的形状、尺寸、相对位置和性质等，使其成为成品或半成品的过程，称为工艺过程。把工艺过程按一定格式用文件的形式固定下来，便成为工艺规程。常见工艺规程文件形式有工艺路线卡、工艺过程卡、典型工艺卡、工艺过程综合卡、工艺流程图、工艺守则和工艺规范等。

36. 编制工艺规程应重点注意哪些方面？

答：编制工艺规程要从以下三个方面：

（1）技术的先进性。在制订工艺规程时，要了解国内外本行业工艺技术的发展。要通过必要的工艺试验并加以评定，尽可能地采用先进工艺和先进设备。

（2）经济上的合理性。在一定的生产条件下，可能会出现几个保证工件技术要求的工艺方案，要综合考虑其材料成本、加工成本、安全质量保障等因素，选择最佳的方案。

（3）良好的加工条件。编制工艺时，要注意保证使操作者有良好的安全劳动条件，具有环保条件。在工艺方案上要注意多采用机械化、自动化设备，减轻工作量。

3.4 计算题

1. 如第 1 题图尺寸所示，求三棱锥的表面面积。

解：三棱锥斜高

$$h = \sqrt{150^2 + 50^2} = 158.11\text{mm}$$

底面三角形高

$$h' = \sqrt{100^2 - 50^2} = 86.6\text{mm}$$

正三棱锥表面积

$$S = \frac{1}{2} \times 3 \times 100 \times 158.11 + \frac{1}{2} \times 100 \times$$

$86.6 = 23716.5 + 4330 = 28046.5\text{mm}^2$

答：三棱锥的表面面积 28046.5mm^2。

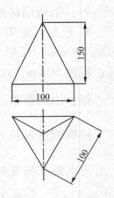

第 1 题图

2. 已知如第 2 题图所示，一圆台的上口直径为 400mm；下口直径为 800mm；圆台高为 500mm；板厚为 8mm；在距底 220mm 处，开有一个直径为 150mm 的孔。求用料面积和重量。（钢板密度 7.85g/cm³）

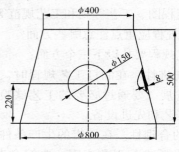

第 2 题图

解：圆台母线 $L = \sqrt{500^2 + (396 - 196)^2} = 538.52mm$

圆台侧表面积 $S = \pi(R + r)L - \pi r_1^2$

$$= 3.14(0.396 + 0.196)$$

$$\times 0.5385 - 3.14 \times 0.075^2$$

$$= 1.001 - 0.0177 = 0.98m^2$$

圆台重量 $G = 7.85St = 7.85 \times 0.98 \times 8 = 61.5kg$

答：钢板用料面积为 $0.98m^2$，重量 61.5kg。

3. 已知：如第 3 题图所示，一椭圆弧形板，长轴 1200mm；短轴 800mm；弧形半径 2500mm；中心开一个直径 300mm 的圆孔；板厚 50mm。求其重量。（钢板密度 = 7.85g/cm³）

解：由弧形中心角度 $\sin\alpha = \dfrac{600}{2500} = 0.24$ $\alpha = 13.8°$

得椭圆形弧长 $L = \dfrac{2\alpha\pi R}{180} = \dfrac{27.6 \times 3.14 \times 2475}{180} = 1191.6mm$

再求圆孔弧长对应的圆心角度 $\sin\beta = \dfrac{150}{2500} = 0.06$ $\beta = 3.5°$

得弧长 $l = \dfrac{2\beta\pi R}{180} = \dfrac{7 \times 3.14 \times 2475}{180} = 302mm$

椭圆板重量

$G = 7.85St = 7.85 \times（\pi0.6 \times 0.4 - \pi \times 0.15 \times 0.151）\times 50$

$= 7.85 \times 0.68 \times 50 \approx 266.9\text{kg}$

答：椭圆板重量为266.9kg。

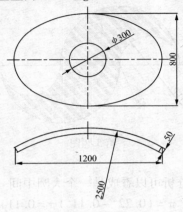

$\phi300$

800

50

1200

2500

第 3 题图

4. 已知：双弯90°圆钢如第4题图所示，求该圆钢的展开长度。

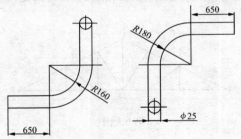

650

$R180$

$R160$

650

$\phi25$

第 4 题图

解：$\because L = 2l + \dfrac{\pi(2R_1 + d)}{4} + \dfrac{\pi(2R_2 + d)}{4}$

$= 2 \times 650 + \dfrac{\pi(2 \times 160 + 25)}{4} + \dfrac{\pi(2 \times 180 + 25)}{4}$

$$\therefore L = 1873.05\text{mm}$$

答：圆钢的展开长度为 1873.05mm。

5. 如第 5 题图所示，求其阴影的面积。其中 $R = 220$mm；$r = 110$mm。

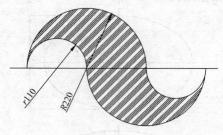

第 5 题图

解：由图形分析可以看成是一个大圆中间一个小圆。

$$\therefore S = R^2\pi - r^2\pi = (0.22^2 - 0.11^2)\pi = 0.114\text{m}^2$$

答：阴影的面积为 0.114m²。

6. 某厂房的人字屋架（等腰三角形），如第 6 题图所示 $AB = 12$m，$\angle A = 30°$。求中柱 CD 和腰 AC 的长是多少？（精确到 mm）

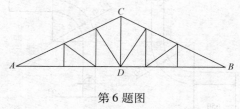

第 6 题图

解：$\because AB = 12$m；$\therefore AD = 6$m；

$$\therefore CD = AD \times \text{tg}30° = 6 \times \frac{\sqrt{3}}{3} = 3.46\text{m};$$

$$AC = \sqrt{AD^2 + CD^2} = \sqrt{6^2 + 3.46^2} = 6.93\text{m}$$

答：中柱 CD 为 3.46m，腰 AC 为 6.93m。

7. 一钢结构梁长 12m，其断面尺寸如第 7 题图所示。求此钢结构的质量。（槽钢 25.77kg/m）

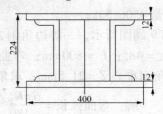

第 7 题图

解：结构梁重量 $G = G_{板} + G_{槽钢} = (7.85St + 25.77L) \times 2$

$\qquad = (7.85 \times 0.4 \times 12 \times 12 + 12 \times 25.77) \times 2$

$\qquad = 904.32 + 618.48 = 1522.8 \text{kg}$

答：结构梁重量为 1522.8kg。

8. 已知，一圆台形钢结构件，尺寸如第 8 题图所示，求其质量。钢板密度 7.85g/cm³

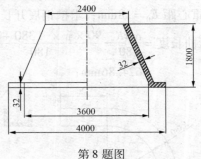

第 8 题图

解：由圆台尺寸经板厚及结构处理，$D = 3632$，$d = 2368$，$h = 1768$，

得圆台母线 $L = \sqrt{1768^2 - 632^2} = 1651.2 \text{mm}$

结构件重量 $G = 7.85St$

其中 $S = \pi(D/2 + d/2)L + \pi(2^2 - 1.8^2)$

$\qquad = 3.14 \times (1.816 + 1.184) \times 1.651 + 3.14(4 - 3.24)$

$= 15.552 + 2.386 = 17.94\text{m}^2$

$G = 7.85 \times 17.94 \times 32 = 4506.53\text{kg}$

答：结构件重量 4506.53kg。

9. 已知，如第 9 题图所示，一等边角钢∠75×75×8，内弯

$\alpha = 48°$；$L = 800\text{mm}$；弯曲半径 $R = 500\text{mm}$；

角钢重心 $Z = 21.5\text{mm}$；求角钢展开长度。

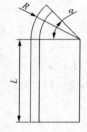

解：弯曲弧长 $= \dfrac{\alpha\pi R_{\text{重心}}}{180}$

$$= \dfrac{48 \times \pi \times (500 - 21.5)}{180}$$

$$= 400.87\text{mm}；$$

$\therefore$ 角钢展开长度 $= 800 + 400.87$

$$= 1200.87\text{mm}。$$

第 9 题图

答：角钢展开长度为 1200.87mm。

10. 如第 10 题图所示，16 号槽钢（160mm × 63mm × 6.5mm），槽钢重心距 $E_0 = 18\text{mm}$；求槽钢展开长度。

解：槽钢弯曲长度 $= \dfrac{\alpha\pi R}{180} = \dfrac{90 \times \pi \times (380 + 18)}{180}$

$$= 624.86\text{mm}；$$

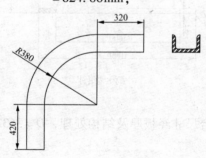

第 10 题图

$\therefore$ 槽钢展开长度 $= 320 + 420 + 624.86 = 1364.86\text{mm}。$

答：槽钢展开长度为 1364.86mm。

11. 如第 11 题图所示，18 号槽钢外弯圈，$D = 2000\text{mm}$；槽钢重心距 E_0 为 18.8mm；求槽钢展开长度。

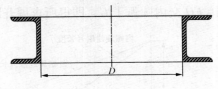

第 11 题图

解：槽钢展开长度 = $(2000 + 18.8 \times 2) \times \pi = 6398.06\text{mm}$

答：槽钢展开长度为 6398.06mm。

3.5 作图题

1. 一个圆柱螺旋面的外圆直径 $D = 520\text{mm}$；内径 $d = 180\text{mm}$；导程 $h = 460\text{mm}$；试用计算法求出展开图的主要参数，并作展开图。

解：$L = \sqrt{(\pi D)^2 + h^2} = \sqrt{(\pi \times 520)^2 + 460^2} = 1697.16\text{mm}$；

$l = \sqrt{(\pi d)^2 + h^2} = \sqrt{(\pi \times 180)^2 + 460^2} = 728.95\text{mm}$；

$b = \dfrac{1}{2}(D - d) = \dfrac{(520 - 180)}{2} = 170\text{mm}$；

$r = \dfrac{lb}{L - l} = \dfrac{728.95 \times 170}{1697.16 - 728.95} = 128\text{mm}$；

$R = b + r = 170 + 128 = 298\text{mm}$；

$\alpha = 360°\left(1 - \dfrac{L}{2\pi R}\right) = 360°\left(1 - \dfrac{1697.16}{2 \times \pi \times 298}\right) = 33.69°$；

根据以上各式求出的各数值，即可作出展开图如解第 1 题图所示。具体做法：

（1）用直角三角形法求出内外螺旋线的实长 l 及 L；

（2）作一直角梯形 $ABCE$，使 $AB = L/2$，$CE = l/2$，$BC = 1/2$ $(D - d)$，且 $AB \mathbin{/\mkern-3mu/} CE$，$BC \perp AB$。连接 AE、BC，并延长两线相

143

交于 O；

（3）以 O 为圆心 OB，OC 为半径画同心圆弧，取 BF 的弧长等于 L，连接 FO 交内圆弧于 G，即得所求展开图。

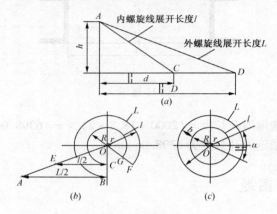

解第 1 题图

2. 如图所示，已知大小方管斜接渐缩三通管的 $a = 20\text{mm}$；$b = 20\text{mm}$；$c = 50\text{mm}$；$h = 60\text{mm}$，求其展开图。

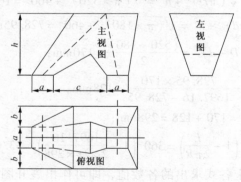

第 2 题图

解：已知主视图和俯视图。展开时需要画出左视图，用已知尺寸即可直接作出展开图。

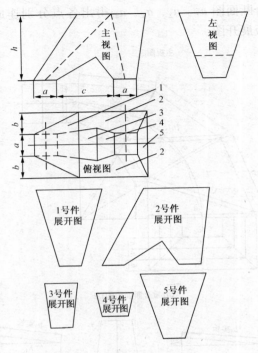

解第 2 题图

3. 已知尺寸 $a_1 = 80\text{mm}$、$a_4 = 30$、$R = 90$ 及角 90°。

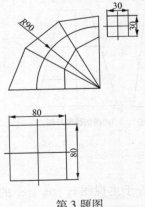

第 3 题图

解：实长线的求法，先用已知尺寸画出主视图和重合断面图的 $1/2$，如图（a）。主视图 a_1、a_2、a_3、a_4 为实长线，b_1、b_2、b_3 为投影线。在由里皮点 2、3、4 分别引对投影线直角线取等于重合断面图 h，得点为 $2'$、$3'$、$4'$。连接 $1-2'$、$2^x-3'$、$3^x-4'$ 即得出实长线为 b'_1、b'_2、b'_3。

内侧板展开图画法　在垂直线上取等于主视图 e_1、e_2、e_3 的长度得点为 2、3、4。在通过各点引水平线上

145

取等于重合断面图 a_1、a_2、a_3、a_4 得出各点分别连成直线，即得出内侧板展开图。

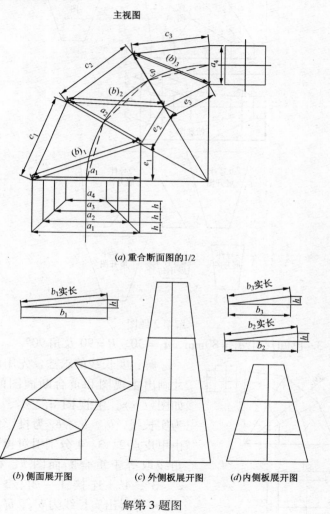

(a) 重合断面图的1/2

(b) 侧面展开图　　　(c) 外侧板展开图　　　(d) 内侧板展开图

解第 3 题图

　　外侧板展开图画法　在垂直线上取等于主视图 c_1、c_2、c_3 的长度得点为 2^x、3^x、4^x。在通过各点引水平线上取等于重合断面

146

图 a_1、a_2、a_3、a_4 得出各点分别连成直线，即得出外侧板展开图。

侧板展开图画法　在水平线上取等于主视图 a_1 的长度得点为 1^{xx}、$1'$。以点 1^{xx} 为中心实长线 b'_1 作半径画圆弧，与以点 $1'$ 为中心内侧板展开图 $1'-2'$ 作半径画圆弧得交点为 $2'$。以点 $2'$ 为中心主视图 a_2 作半径画圆弧，与以点 1^{xx} 为中心外侧板展开图 $1^{xx}-2^{xx}$ 作半径画圆弧得交点为 2^{xx}。以点 2^{xx} 为中心实长线 b'_2 作半径画圆弧，与以点 $2'$ 为中心内侧板展开图 $2'-3'$ 作半径画圆弧得交点为 $3'$。以点 $3'$ 为中心主视图 a_3 作半径画圆弧，与以点 2^{xx} 为中心外侧板展开图 $2^{xx}-3^{xx}$ 作半径画圆弧得交点为 3^{xx}。以点 3^{xx} 为中心实长线 b'_3 作半径画圆弧，与以点 $3'$ 为中心内侧板展开图 $3'-4'$ 作半径画圆弧得交点为 $4'$。以点 $4'$ 为中心主视图 a_4 作半径画圆弧，与以点 3^{xx} 为中心外侧板展开图 $3^{xx}-4^{xx}$ 作半径画圆弧得交点为 4^{xx}。以直线连接各点，即得出侧板展开图。

4. 已知，异径圆管 90° 连接管的高为 100mm；底口中心距为 100mm；上口直径为 60mm；下口直径为 110mm。求其展开图。（不记板厚）

解：此工件俗称"马蹄形"，固可以用"直角梯形法"展开。因立面中心对称，即上口的弦长和下口的弦长组成直角梯形的两个底，垂直腰是主视图上的投影长，而斜腰就是该线的实长。将上下两圆周各分为 12 等份，此工件所求实长为 13 条。其中 $6-7'$ 和 $1-2'$ 中 1 点和 7 点的弦长为零，求其实长时，只需找 6 点和 $2'$ 点的弦长（此两线段求法似像三角形法）。又因 $1-1'$ 和 $7-7'$ 在图形中心反映实长，所以可以直接使用。以 $2-2'$ 为例，先取 $2-2'$ 主视图的投影长，再在两端作出 2 点和 $2'$ 点所在的弦长，即 $2-2°$

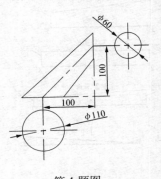

第 4 题图

147

和2′-2″，连接2°和2″即为2-2′的实长。依此类推，得出2-3′、3-3′、……6-6′、6-7′。展开时，先画出1-1′的实长，以1′为圆心，以上口圆周的1/12长为半径画弧，再以1为圆心，以1-2′所求的实长为半径画弧，交于2′点。依此类推，得出3′、4′…7′和3、4…7各点，光滑连接1、2、3、4、5、6、7和1′、2′、3′、4′、5′、6′、7′。得出展开图。

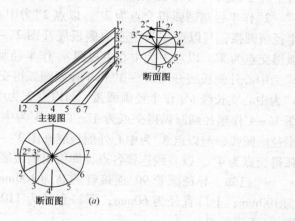

主视图

断面图

断面图 (a)

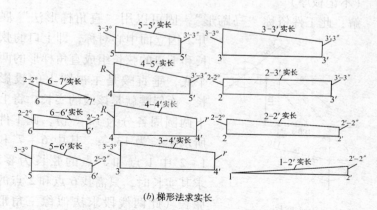

(b) 梯形法求实长

解第4题图（一）

148

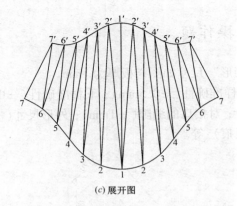

(c) 展开图

解第 4 题图（二）

5. 已知 20 号槽钢弯圆角的形状及其尺寸为 $c = 280\text{mm}$、$d = 260\text{mm}$ 及角 $\alpha = 66°$ 求其下料长度。

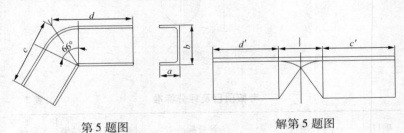

第 5 题图   解第 5 题图

解：

计算式：

c 边下料长度 $c' = c - b \quad \text{ctg} \dfrac{a}{2}$；

d 边下料长度 $d' = d - b \quad \text{ctg} \dfrac{a}{2}$；

下料弧长 $l = 2\pi \left(b - \dfrac{t}{2} \right) \dfrac{180° - a}{360°}$。

3.6 实际操作题

1."马蹄形"尺寸如图;板厚为1mm。

考点:放样准确性(±0.5mm);下料准确性(±0.5mm);椭圆度(±1mm);对接口的缝隙(±1mm);外形尺寸(±1mm);表面光洁度(锤痕)等。

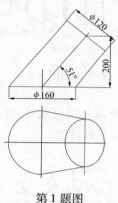

第1题图

考核项目及评分标准   表1

项目	考核项目	评分标准	配分	检测结果	实得分
1	上口尺寸120±1	超差即扣20分	20		
2	上口平面度≤1	每超差0.5mm扣3分; 超差1.5mm扣10分	10		
3	下口尺寸160±1.5	超差即扣20分	20		
4	高度200±1.5	每超差1mm扣3分; 超差1mm扣10分	10		
5	上口平面度≤3	每超差0.5mm扣2分; 超差1mm扣5分	15		
6	下口平面度≤3	每超差0.5mm扣2分; 超差1mm扣5分	15		

项目	考核项目	评分标准	配分	检测结果	实得分
7	对缝间隙	错边 0.5mm 内扣 2 分； 1mm 内扣 4 分	4		
8	表面无明显损伤	损伤或凹凸一处扣 1 分 累计扣分	3		
9	（1）正确执行安全操作规程；（2）做到岗位责任制和文明生产的要求	违反规定扣 1～3 分	3		
记载	监考人		总分		

材料、设备和工具清单　　　　表 2

序号	名　　称	型号规格	数量	单位	备注
1	Q235	$\delta = 1\mathrm{mm}$	0.4	m²	
2	直流焊机		1 台/考场		
3	焊工工具		1 套/考场		
4	手锤	1.5P 或 2P	1	把	
5	划规	$L = 300\mathrm{mm}$	1	把	
6	划针		1	把	
7	钢板尺	$L = 300\mathrm{mm}$, $L = 600\mathrm{mm}$	各 1 把		
8	钢卷尺	2.5m	1	把	
9	钳台	带老虎钳或平口钳	1	个	
10	薄钢板剪刀或电动剪		1	把	
11	样冲		1	个	
12	木榔头		1	把	

2. 圆管成型并对接咬口，尺寸如图，中心线夹角120°；直缝6mm；环缝4mm。板厚为0.5mm。

考点：放样准确性（±0.5mm）；下料准确性（±0.5mm）；椭圆度（±1mm）；咬口的宽窄（±1mm）；外形尺寸（±1mm）；表面光洁度（锤痕）等。

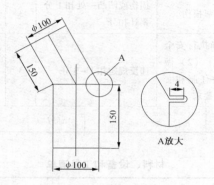

第2题图

考核项目及评分标准   表1

项目	考核项目	评分标准	配分	检测结果	实得分
1	上口尺寸100±1	超差1mm即扣5分	20		
2	上口平面度≤1	每超差0.5mm扣3分；超差1.5mm扣10分	10		
3	下口尺寸100±1.5	超差1mm即扣5分	20		
4	两高度150±1.5	每超差1mm扣3分；超差1mm扣10分	10		
5	对缝咬口宽度	0.5mm内扣2分；1mm内扣4分	10		
6	咬口平整度≤3	每超差0.5mm扣2分；超差1mm扣5分	10		

152

続表

項目	考核項目	評分標準	配分	檢測結果	實得分
7	両口橢圓度≤3	每超差0.5mm扣2分；超差1mm扣5分	10		
8	両縱縫咬口寬度	0.5mm内扣2分；1mm内扣4分	4		
9	表面無明顯損傷	損傷或凹凸一處扣1分累計扣分	3		
10	（1）正確執行安全操作規程；（2）做到崗位責任制和文明生產的要求	違反規定扣1~3分	3		
記載	監考人		總分		

材料、設備及工具準備通知單　　表2

序號	名　稱	型號規格	數量	單位	備注
1	Q235	$\delta=0.5mm$	0.4	m²	
2	直流焊機		1台/考場		
3	焊工工具		1套/考場		
4	手錘	1.5P或2P	1	把	
5	劃規	$L=300mm$	1	把	
6	劃針		1	把	
7	鋼板尺	$L=300mm$,$L=600mm$	各1把		
8	鋼卷尺	2.5m	1	把	
9	鉗台	帶老虎鉗或平口鉗	1	個	

153

序号	名　　称	型号规格	数量	单位	备注
10	薄钢板剪刀或电动剪		1	把	
11	样冲		1	个	
12	木榔头		1	把	

3. 按图的尺寸要求，用∠50×50×5制作直角三角形框，考生自己划线、下料、组装。

考点：放样准确性（±0.5mm）；下料准确性（±0.5mm）；角度（±1°）外形尺寸（±1mm）；点焊位置（合理）等。

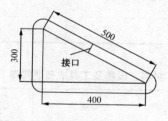

第3题图

考核项目及评分标准　　　　　　表1

项目	考核项目	评分标准	配分	检测结果	实得分
1	尺寸500±1	每超差0.5mm扣3分；超差1.5mm扣10分	10		
2	尺寸400±1	每超差0.5mm扣3分；超差1.5mm扣10分	10		
3	尺寸300±1	每超差0.5mm扣3分；超差1.5mm扣10分	10		
4	放样准确性	每超差0.5mm扣3分；超差1.5mm扣10分	20		

项目	考核项目	评分标准	配分	检测结果	实得分
5	角度90°±1.5°	每超差1mm扣3分；超差1mm扣15分	15		
6	角钢成型垂直度±1.5	每超差0.5mm扣3分；超差1.5mm扣15分	15		
7	角钢平面度≤3	每超差0.5mm扣2分；超差1mm扣5分	10		
8	对缝间隙	错边0.5mm内扣2分；1mm内扣4分	4		
9	表面无明显损伤	损伤或凹凸一处扣1分累计扣分	3		
10	（1）正确执行安全操作规程；（2）做到岗位责任制和文明生产的要求	违反规定扣1~3分	3		
记载	监考人		总分		

材料、设备和工具清单　　表2

序号	名　称	型号规格	数量	单位	备注
1	Q235	∠50×50×5	1500	mm	
2	直流焊机		1台/考场		
3	焊工工具		1套/考场		
4	手锤	1.5P或2P	1	把	
5	划规	$L=300mm$	1	把	
6	划针		1	把	

序号	名　　称	型号规格	数量	单位	备注
7	钢板尺	$L=300\text{mm}$，$L=600\text{mm}$	各1把		
8	钢卷尺	2.5m	1	把	
9	钳台	带老虎钳或平口钳	1	个	
10	薄钢板剪刀或电动剪		1	把	
11	样冲		1	个	
12	木榔头		1	把